이순신의 바다,
조선 수군의 탄생

조진태 지음

난중일기에 기록된
남해의 섬과 바닷길 순례기

이순신의 바다, 조선 수군의 탄생

조진태 지음

난중일기에 기록된
남해의 섬과 바닷길 순례기

주류성

목차

참고 자료

난중일기, 이순신

징비록, 유성룡

난중일기 - 종군 기자의 시각으로 쓴 이순신의 7년 전쟁, 조진태, 주류성

징비록 - 종군 기자의 시각으로 회고한 유성룡의 7년 전쟁, 조진태, 주류성

선조실록 및 선조수정실록, 국사편찬위원회

네이버 및 각종 지식백과사전, 기타 블로그

일러두기

　현재의 유적지를 소개하면서 이순신(李舜臣)의 난중일기와 유성룡(柳成龍)의 징비록 등을 참고, 그때 '이곳'의 상황을 현재형 시점으로 복원하는 데 주력했다. 따라서 과거와 현재를 오가지만 대부분 현재형 르포기사 서술을 유지했다. 유적지는 난중일기에 언급된 남해와 서해의 섬에 국한했으나 전라 좌수영의 5관 5포 등을 소개하는 과정에서는 일부 육지 유적지도 포함하였다. 또 손죽도의 경우, 조선 수군의 선봉 녹도수군과 긴밀한 관계를 맺고 있어 임진란 발발 이전의 '손죽도 왜변'을 토대로 당시 상황을 전개했다.

　난중일기에 기록된 섬의 명칭이 현재와 달라 일부 확인되지 않았을 경우 최대한 일반적인 학설을 수용해 판단했다. 다만 일부 민간에서 떠돌며 통제사 이순신을 신격화하거나, 혹은 당시 전황으로 보아 납득하기 어려운 이야기가 얽힌 지명의 경우 대부분 생략했다. 통제사는 7년 전란 내내 남해의 섬을 훑고 다녔다. 그 모든 섬을 소개하거나 구체적인 군사 작전의 내용을 복원하기란 사실상 불가능하다. 따라서 난중일기와 사료에 기록된 주요 섬만을 소개할 수밖에 없는 한계를 동반한다. 또 주요 해전일 경우라도 섬이 아니고 육지의 포구에서 전개된 경우, 모두 생략했다. 기획 의도가 통제사와 얽힌 '모든 유적지'가 아니라, 통제사의 자취가 남은 '남도의 바다와 섬'을 돌아보는 데 집중되기 때문이다. 현재 이곳에서 있었던 그때 이야기는 3인칭 관찰자 시점을 택했다. 이 과정에서 졸저(拙著), 난중일기 - 종군기자의 시각으로 쓴 이순신의 7년 전쟁 - 와, 징비록 - 종군 기자의 시각에서 회고한 유성룡의 7년 전쟁 - 의 일부 내용을 인용했다.

　이순신에 대한 호칭은 사후에 일컬어진 충무공보다는 통제사, 혹은 좌수사 등 당시 직책에 주로 따랐다. 흔히 임진란으로 일컫는 조일전쟁은 임진년(1592)에 발발, 계사년(1593)부터 갑오년(1594), 을미년(1595), 병신년(1596)까지 교착상태를 보이다, 정유년(1597)에 다시 전면전으로 확대되었으나 무술년(1598)에 왜군이 철수하면서 종결된다.

머리말

충무공 이순신과 얽힌
'남해의 섬과 바닷길 이야기'에 부쳐

구체적인 조형물이나 유적이란 정신을 담는 그릇일 뿐이다. 따라서 '지금의 이것'이 '그때 그것'이 아닌 경우라도 후손들은 유적을 통해 선대의 정신을 기리고 이를 계승하려고 노력한다. 한산도 제승당의 경우에도 당시 통제사가 수군 최고 사령부를 꾸리고 군사 작전을 논의하던 운주당과는 사뭇 다르다. 후대에 두 번이나 복원되었기 때문이다. 하지만 현재의 제승당을 통해 통제사의 정신을 되새기며 이를 교훈으로 삼는다면 제승당은 제 역할을 다한 것이다. 추상화된 정신은 유적이나 조형물을 통해 구체화 될 때 그 맥락을 쉽게 전달한다. 따라서 유적이나 조형물 소개에 국한하지 않고 통제사의 정신이나 삶을 간접적으로 전달하려는 노력을 동시에 기울였다. 유적 설명 과정에서 과거와 현재를 오간 이유도 이 때문이다.

유적은 객관적인 사물이지만 이 사물에 주관적인 해석이 가미되어야만 역사적인 생명력이 부여된다. 다만 주관성이 일정한 보편성을 확보하지 않는다면 공감 능력을 상실할 것이다. 이를 위해 난중일기, 징비록, 선조실록 등을 참고, 해석의 주관성이 자의성이 되지 않도록 노력을 기울였다. 그래서 지나치게 신격화되거나 당시 전황으로 보아 실현 불가능해 보이는 이야기가 얽힌 장소는 모두 생략했다. 구태여 통제사를 신격화하지 않고도 인간 이순신의 고뇌와 아픔, 전란 내내 보여준 부단한 노력과 준비과정을 보게 된다면 "아, 이런 지도자도 있구나"라는 감탄사가 절로 나오게 된다. 그가 애초부터 군신(軍神)이었다면 모든 승리는 의미가 없다. 인간 이순신이었기에 그 승리와 노력이 가치를 발휘, 후세에 귀감이 되는 것이다. 그리고 이런 모든 노력을 압축해 결국 서애 유성룡은 징비록에서 통제사를 군신이라고 일컫는다. 통제사의 자취가 서린 남도의 섬과 바다는 곧 군신의 섬과 바다이기도 하다.

세월이 흐르면서 유적은 훼손되고 본래의 모습을 서서히 잃어가지만, 산과 바다, 지리와 지형은 쉽사리 변하지 않는다. 통제사가 시름에 젖어 봄비를 맞으며 서 있었던 한산 수루 앞바다는 지금과 그때가 별반 다르지 않다. 또 명량해협의 울돌목에서는 여전히 거센 조류가 울부짖으며 좁은 해협을 사납게 부딪치면서 빙빙 원을 그리며 빠져나간다. 오늘도 아름다운 남해 관음포의 일몰은 통제사가 전사한 무술년(1598) 11월 19일, 전란 마지막 날 승전보 속에 통곡하는 조선 수군 진영을 처연하게 물들였을 것이다. 따라서 구체적인 유적이 아닌 지형이나 지명, 음식 등에서도 통제사의 흔적을 찾아내려는 해석학적 시도를 기울였다. 통제사가 처음으로 섬에 통제영을 꾸린 한산도의 경우, 제승당이라는 구체적인 유적도 있지만 그 섬 일대가 통제사의 자취를 흠씬 품고 있는 추상적인 유적지라고 해도 과언은 아니다. 비록 간략한 팻말이 그때를 증거한다고 해서, 그 시절의 삶마저 간단한 것은 아니다. 그 삶을 조금 더 깊게 들여다보기 위해 '그때 이곳'의 산과 바다, 바위와 돌 한 조각도 당시를 매개하는 유적으로 보고 역사적 상상력을 동원했다.

선조실록 등 역사서는 딱딱한 활자에 불과하다. 하지만 관심과 흥미를 기울이면 그 시대의 사람과 삶을 상상하는 무한한 즐거움을 얻는다. 유적을 따라가는 여행은, 그 상상의 과정에서 즐거움을 더하면서 보다 쉽게 역사에 접근하는 매력적인 방법이다. 그래서 역사 기행문을 통해 통제사의 삶, 조선 수군의 삶, 나아가 전란의 아픔을 한번 돌이켜보려고 시도했다. 그리고 문헌의 고증과 잘잘못을 따지는 서술보다 그 시절에도 지금과 별반 다르지 않았을 사람과 삶에 대한 문학적 상상과 통찰을 위해 전력했다. 다만 그 깊이가 주어진 재주만큼 허용되었음을 미리 고백한다. 탈고 과정에서 해박한 역사, 지리 지식을 토대로 조언해 준 학교법인 효암학원 채윤하 이사장에게 감사한다.

수많은 섬과 전적지 답사가 동반되는 만만치 않은 작업임에도 기획 의도에 공감하고 답사에 동행한 주류성출판사의 헌신 덕분에 이 책이 나오게 되었다.

2023년 겨울
양산 효암고에서

1

조선 수군진과 전라좌수영의 5관 5포,
그리고 5포의 순찰 경로

1. 조선 수군진과 전라좌수영의 5관 5포, 그리고 5포의 순찰 경로

쓰시마(對馬島·대마도) 남단에 열차처럼 섬들이 늘어선 고토레토(五島列島·오도열도)는 일본 규슈(九州·구주) 나가사키현(長崎縣·장기현)에 딸린 군도이다. 후쿠에(福江), 나루(奈留) 등 5개 큰 섬을 중심으로 늘어선 약 140여 섬들은 지금은 양식어업과 관광 사업으로 풍족한 삶을 누리지만, 조선시대에는 창궐하는 왜구의 주된 근거지였다. 토지가 인구에 비해 턱없이 부족하고 땅마저 척박해 일정한 생계 수단이 없는 이곳 왜구의 노략질이 유독 극심했다고 실록은 기록한다.

이들이 조선 해안에 접근하는 해로는 크게 두 가지이다. 하나는 고토에서 동남풍을 타고 손죽도, 거문도 등에 이른 뒤, 고금도 등으로 깊숙이 침투하는 방법이다. 다른 하나는 쓰시마에서 동북풍을 타고 욕지도 등을 지나 남해의 방답 등지를 노략질하는 것이다. 왜구는 고토와 손죽도 등지의 해류가 서로 연결되어 거칠지만, 신속하게 접근할 수 있는 첫 번째 해로를 선호했다. 두 번째 해로는 상대적으로 안전하지만 원거리로 우회하는 항로였기 때문이다. 더구나 쓰시마의 젊은 영주 소 요시토시(宗義智·종의지)는 전란을 앞두고 이를 외교적으로 해결하기 위해 조선 통신사 파견을 끊임없이 요구했던 만큼 조선과는 일정한 통상 관계를 맺고

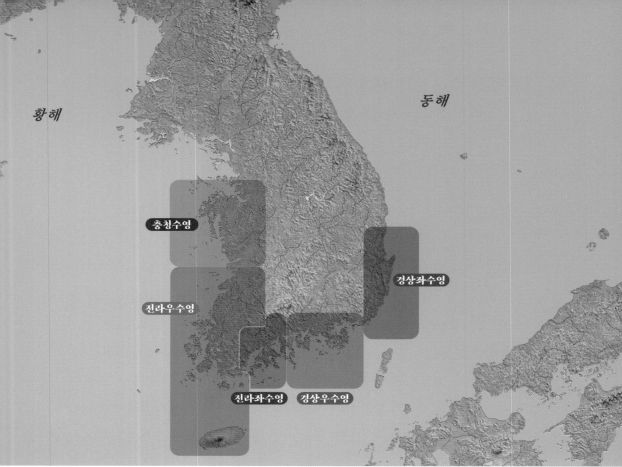

임진란 발발 당시 조선의 다섯 수영, 한양을 중심으로 부챗살처럼 펼쳐져 있다.

안정적인 교역을 부단히 원하고 있었다. 이에 비해 당장 생계를 노략질로 해결해야 했던 왜구의 근거지 고토레토는 지형상 해류를 타고 조선 해안에 곧바로 달라붙을 수 있어, 이를 지키는 조선의 전라좌수영과 끊임없이 마찰을 일으켰다. 이른바 왜변이 잦을 수 밖에 없었던 지리, 경제, 환경 조건이다.

조선 수영은 임금이 있는 한양을 중심으로 경상좌수영, 경상우수영, 전라좌수영, 전라우수영, 충청수영이 마치 부챗살처럼 펼쳐져 있으며 각 수영을 지휘·통제하는 수군절도사는 정3품의 벼슬아치였다. 이중 부산에서 울진에 이르는 해역을 방비하는 사령부인 경상좌수영이 동래에 본영을 두고 부산포를 비롯, 18관 16포를 관장하는 만큼 수군사령부의 맏형과 마찬가지다. 이어 거제에 거점을 둔 경상우수영이 차남(次男)으로 볼 수 있고, 각각 박홍과 원균이 지휘했다. 장남과 차남은 임진란이 터지자 보유한 기지 내 판옥선을 대부분 스스로 침몰시키고 육지로 도주했다. 결국 전라좌수영이 자연스럽게 남해의 최전선으로 남아 경상수군의 패잔병과 전라우수영, 충청수영과 연합해 전투를 주도하게 된다. 초기에는 작전권을 두고 수사들 사이에 다소 마찰을 빚었지만, 수군의 통합적인 지휘체계 구축을 위해 이른바 해군참모총장격인 '삼도수군통제사'의 직책이 신설되면서 군사작전은 안정적이고 효율적으로 전개된다. 종2품의 벼슬인 초대 통제사는 당시 전라좌수사였던 이순신이다. 통제사는 남해안 수군 부대를 동으로 전진 배치, 부산포의 숨통을 틀어막았고 왜군은 사실상 수군 전투를 포기한다.

　나머지 세 수영 중에서 전라좌수영은 관할하는 지역이 5관 5포에 불과했지만, 지형상 위치 및 전략상 중요성 때문에 조선 수군의 초계지로, 실전 경험이 풍부한 전투단위였다. 일종의 유격대로 볼 수 있으며, 그 선봉은 녹도군이었다. 이 부대 또한 숱한 패배와 승리를 거듭하며 단련된 사실을 손죽도와 얽힌 이야기에서 알 수 있다. 다섯 수영 중에서 왜구의 침입에 끊임없이 맞서며 실전 능력을 갖춘 전라좌수영에 용맹과 지력은 물론 통찰력과 합리성을 두루 갖춘 지휘관이 더해지면서 임진란 극복의 주역이 된 것이다.

　전라좌수영 본영은 여수시 군자동 472로, 현재 진남관이 자리 잡은 터이다. 5개의 행정 고을인 5관은 순천도호부, 보성군, 낙안군, 광양현, 흥양현이다. 흥양현은 조선시대 고흥읍과 남양현에서 한 글자씩을 따서 부르다가, 조선총독부령에 따라 1914년 행정구역 개편 당시 고흥군(高興郡)으로 개칭되어 현재에 이른다. 일본어 발음이 '쿄우냥'인 흥양은, 같은 도의 광양(쿠앙냥)과 혼동되어 바꾼 것으로 보인다.

5포는 바닷가 해안 수군 기지이다. 그 규모에 따라 종3품인 첨사나, 종4품인 만호가 다스렸다. 이를테면 여단이나 연대급, 혹은 대대급 규모 정도로 이해할 수 있다. 사도진(전남 고흥군 영남면 금사리), 여도진(고흥군 점암면 여호리), 녹도진(고흥군 도양읍 봉암리), 발포진(고흥군 도화면 발포리), 방답진(여수시 돌산읍 군내리) 등이다. 이중 방답을 제외한 나머지 4포가 모두 흥양에 속해 있어 군사기지의 배치도만 보아도 수군진이 집중된 정도에 비례해서 왜구의 출몰이 잦았다고 쉽사리 추론해 볼 수 있다. 규모가 큰 사도와 방답의 경우 첨사가 다스렸다.

좌수사는 임진년 2월 19일부터 5포 순찰에 나선다. 본영에서 첫 번째 목적지는 여수시 화양면 화동리의 '백야곶목장', 말을 키우는 목장일을 관장하는 종6품의 관리인 감목관이 근무하는 관아였다. 지금으로 치면 인근 부대에 군용 차량을 만들어 제공하는 군수 기지를 맡고 있는 셈이다. 여기에서 좌수사는 순천부사 권준과 그의 아우를 만나, 봄꽃이 활짝 피어오른 가운데 기생이 따르는 한 잔술을 마시고 10여 일에 이르는 남녘 순찰길을 시작한다. 좌수사가 난중일기에서 비 온 뒤 선명하게 펼쳐져 있다고 경탄한 뒷산은 지금의 이영산으로, 당시 감목관터였던 화양초등학교에서 들판을 바로 건너 화동저수지를 품고, 두터운 토양에서 울창한 수목을 길러낸다. 인근 화양고등학교에는 '목관 선정비'가 다섯 기가 있는데, 이곳을 거쳐 간 목관 여덟 명을 기록했다. 세 기는 세워진 것이며 나머지 두 기는 고인돌 위에 기록되어 있다. 음각된 '선정비(善政碑)'와 비석이 세워진 '1800년대' 글자 등은 잘 알아볼 수 있지만 부분부분 고의적인 훼손 흔적이 뚜렷해 감목관의 횡포에 대한 백성들의 원성이 새겨진 '감정 유적'에 해당한다. 인근에는 당시 군사들이 이용했으리라 추정되는 우물이 있는데 주민들은 무너지는 것이

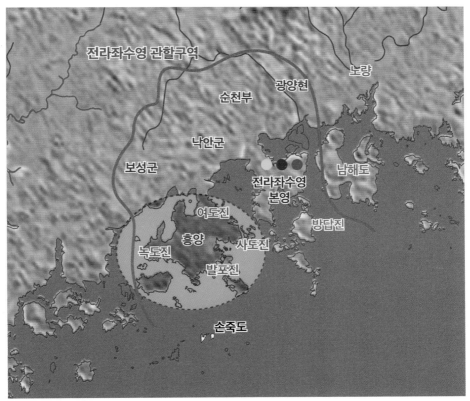

전라좌수영 관할구역

노량

광양현

순천부

낙안군

보성군

전라좌수영
본영

남해도

여도진

방답진

흥양

사도진

녹도진

발포진

손죽도

전라좌수영의 5관5포 중 4포가 흥양현에 집중되어 있다.

안타까워 일부를 시멘트로 봉해 놓았다. 선정비와는 다른 주민들의 애정이 시멘트에 묻어 있는 것이다.

좌수사는 날이 저물자 이곳에서 4km 남짓 떨어진 이목리로 가서 배를 타고 여도진으로 향했다. 난중일기에 약간의 역사적 상상력을 보태면, 5포의 순찰 경로는 이렇게 정리된다.

전라좌수사는 2월 19일부터 9일 동안 전라좌수영이 관리하는 5관5포 순찰에 나서, 군비를 검열하고 기강을 다잡았다.

　　좌수사는 19일부터 5포의 순찰에 나섰다. 칭찬과 질책, 그리고 해결책이 부단히 오갈 것이다. 이날 순천의 선소, 장생포 인근을 둘러보면서 순찰이 시작된다. 바다와 만나는 움푹 팬 만(灣)을 육지로 파고 들어가 석축을 둘러놓은 굴강의 기슭, 새로 건조된 매끈한 거북선과 판옥선이 계선주(繫船柱)에 묶여 흔들린다. 선명(船名)이 부여되고 진수식을 거치면 곧바로 전투에 투입된다. 이어 좌수사는 여천의 백야곶에 도착해 마중 나온 순천부사 권준을 만난다. 말 울음소리가 이따금 들리는 가운데 함선에 쓰일 목재를 베어내는 벌목장에는 진중의 꽃들이 비 온 뒤 활짝 피어나 좌수사의 순찰길을 잠시 잡아 두었다. 권준이 동행시킨 기생의 권주가가 꽃 사이를 맴돌면서 봄날의 짧은 꿈처럼 스러진다. 아름다운 경치와 순찰길의 회포를 뒤로 하고 좌수사는 기어코 이목구미에서 저녁 배를 띄워 여도로 뱃길을 잡는다. 흥양현감 배흥립과 여도권관의 마중을 받고 방비를 검열한 뒤 진지와 무기, 함선 상태가 어지간히 완비되었다면서 합격점을 준다.

다음날 영주에 이르자, "옛글에 신선이 사는 영주가 있었다고 하더니 이 영주가 과연 그 땅인가, 좌우의 산과 꽃, 들판의 봄풀이 한 폭의 그림 같다."라며 찬탄한다. 운암과 팔영산의 야트막한 산세가 깊어지며 굽이굽이 숨겨 놓은 은밀한 경치를 풀어낸다. 푸른 하늘과 바다, 붉은 꽃, 남해안 최전선의 순찰길에도 나그네의 객수(客愁)가 어우러져 있지만 아마 장수들의 방비가 소홀하다면 객수는 한순간에 날아가고 엄격한 공무만 남을 것이다.

활쏘기와 술잔을 나누는 모습, 그리고 들려오는 웃음소리는 어지간히 방비가 되었다는 의미로 보인다. 이어 아전과 군노 등 하인에게까지 술이 내려와 고흥 술을 맛보았다. 좌수사와 동행하는 구종별배들이 자주 겪는 호사이다. 다음날 녹도에서 순찰이 이어진다. 함선과 무기, 그리고 봉우리 위에 세워놓은 망루 겸 봉수대의 모습에 만족한다. 만호 정운에게 "구석구석 손닿지 않은 곳이 없다."는 칭찬이 건네진다. 역시 좌수사가 믿는 실무형 장수, 좌수사는 떠드는 입보다는 부지런히 움직이는 사람의 손을 더 믿는다. 녹도 만호와 술을 마시며 총통의 시연을 보고 있다.

'쾅! 쾅! 쾅! 쾅!'

천·지·현·황 중 가장 강력한 천자총통, 천지를 가르는 소리와 함께 포대가 뒤로 밀리며 연기가 치솟는다. 지자, 현자총통에서도 철환과 대장군전 등이 잇달아 날아간 뒤 500m부터 1km 남짓한 거리에서 순차적으로 물기둥이 솟구친다. 포수는 포신을 직사와 곡사로 기울이며 사거리를 조정한다. 이 정도 거리에서는 적군을 맞히기도 어렵고 맞혀 봐야 화살 한 대와 마찬가지일 뿐이다. 하지만 그것이 적의 함선이라면 수백 명의 적군과 병장기, 그리고 전함까지 동시에 수장된다. 물기둥이 치솟는 바로 그 자리에서 붉은 깃발이 꽂힌 부표가 넘실넘실 춤을 춘다.

다음날 발포로 가는 길, 봄비가 흠씬 내린다. 맞바람까지 불어 배는 거북이걸음을 하고 일행은 모두 비에 젖었다. 좌수사는 '꽃비'라며 천연하게 웃는다. 비는 다음 날에도 이어졌다. 하지만 순찰 일정을 미룰 수는 없다. 마북산 아래 사량까지 길을 잡고 다시 배를 띄워 사도까지 노질을 재촉했다.

사도진을 순찰한 좌수사의 표정이 녹도와는 사뭇 다르다. 첨사 김완을 잡아들이고 군관과 아전들에 대한 엄한 문책이 뒤따랐다. 다섯 포구 중 최하위 점수, 손보다 입이 빠른 정치군인이라는 평가에 걸맞게 병영은 어수선했다. 하지만 순찰사 이광은 "사도첨사를 포상해달라."는 장계를 이미 조정에 올린 상태였다. 천 리밖 궁궐에서는 보지도 않고, 하지도 않은 일에 대한 모호한 칭찬을 잔뜩 늘어놓을 것이 분명하다. 늙은 사간원의 대간부터 사헌부를 거쳐 젊은 성균관 유생까지모두 마찬가지, 늘 결론을 먼저 정해놓고 이를 채우는 공허한 말의 잔치들. 첨사를 가장 가까이에서 보필하던 벼슬아치를 해직하는 것으로 사태는 일단락되었다. 곧바로 출항하려던 좌수사는 맞바람이 심하게 불어 노를 젓는 격군들이 힘겨워하자 하루를 머물렀다.

다음날 일찍부터 일정을 재촉한 좌수사는 개이도를 거쳐 방답진에서 배로 옮겨 타고 새로 부임한 이순신의 진영에서 무기고를 점검했다. 숫자는 채워져 있으나 막상 실전에서 쓰기는 어렵다. 다행히 함선은 제 기능을 다하고 있다. 새로 부임한 첨사의 어깨가 무거울 것이다. 순찰 마지막 날인 27일 방답진의 성문과 성벽, 해자를 비롯해 지형을 시찰한다. 바깥 바다와 연결되어 사면에서 적에게 공격받을 수 있는 좌수영 본영의 문턱, 성과 해자 또한 엉성해서 왜구가 기습하면 성 전체가 쉽사리 노출될 우려가 컸다. 저녁나절에 배를 몰아 경도에 이르니 본영이 지척이다. 마중 나온 군관들과 술을 마시는 좌수사의 표정이 복잡하다.

본영에서 고흥을 돌아 방답진으로 이어진 5포의 순찰은 이렇게 매듭되었다. 다음날 공무를 본 뒤 흐린 날임에도 화살을 쏜다. 순찰사의 공문에 무엇이 언짢은 표정이다. 순천 부사 권준을 육군의 중위장에 편입시켰다는 순찰사 이광의 전갈 때문이다. 순천은 육군과 수군이 동시에 관리하는 지역이지만 여전히 육군의 입김이 더 강하게 작용했다. 수군은 그동안 좌수영 함진 훈련의 중추를 맡았던 중위장 순천부사를 육군에게 빼앗기고 말았다.

어느덧 2월의 짧고 화려한 봄이 거센 바닷바람 속에서 마지막 날을 맞고 있다.

백야곶은 왜구 출현을 감시하는 봉수대가 설치된 전략적 요충지로 그 흔적이 지금까지 고스란히 남아 있다. 화양초등학교에서 화양중학교 방향으로 10여 분 차를 달리다 봉화산으로 가는 비포장도로 500여m를 오르면 차량 서너 대를 주차할 공간이 나타나고, 여기에서 봉화산 봉수대에 오르는 데크를 만날 수 있다. 봉수대에서 동서남북 어디를 둘러보아도 막힘이 없다. 돌산도, 백야도, 개도 등 탁 트인 바다와 봉긋봉긋 솟은 섬들이 전혀 다른 푸르름을 보여준다. 봉수대는 고흥과 돌산 등지와 연결되는 레이더망인 셈이다.

사람을 잘 보기 위해서는 그 사람에게서 벗어나야 하듯이, 백야곶을 모두 보기 위해서는 백야곶을 떠나야 한다. 화양면과 화정면을 잇는 백야대교는 '힛도'로 불리는 하얀 바다를 조망하는 포인트이다. 주탑 없이 다리의 상판을 휘어진 활대 같은 케이블로 연결한 닐센아치교인 백야대교를 건너, 백야도 백호산 중턱쯤에 오르면, 백야대교와 백야곶이 한눈에 들어온다. 화양면 일대가 마치 꼬챙이처럼 바다로 솟아 나와 점차 얇게 휘어지면서 곳곳에 만을 품고 있는 형세다. 그 머리끝과 백야도 사이를 흐르는 해협이 이른바 '힛도'이다. 화양반도에서 보면 백야도가 하얗게 보여 순백을 뜻하는 '힛'이라는 접두사가, 명량(鳴梁)의 '량'과 같이 좁은 해협을 뜻하는 '도'와 합쳐진 말이다. 지금은 화양면 안포리의 자연마을을 뜻하는 의미로 쓰여 마침내 바다 지명이 육지로 상륙한다. 자연마을의 횟집은 양식은 아예 없고 자연산만 취급한다. 두툼하게 잘려 나오지만 식감은 미세하고 생생하다. '힛도' 건너 백야도에는 막걸리를 곁들이지 않을 수 없는 전통의 손두부집이 수십 년 세월을 버티고 있다.

좌수사는 2월 19일 저물 무렵에 이목구미(梨木龜尾)에서 배를 타고, 지금의 고흥 여호리인 여도에 이르니, 흥양현감 배흥립과 여도 권관이 마중을 나왔다고 적고 있다. 이목구미는 이목마을과 구미마을을 합쳐서 부르는 이름으로, 화양면의 한가롭고 평온한 갯마을이다. 두 마을은 활등처럼 이어져 만(灣)을 이루면서 자연스럽게 평온한 포구를 만들어 낸다. 특히 섬과 바다를 하나로 녹여내는 듯한 노을이 지면, 하늘과 바다, 땅이 모두 어우러진 포구는 모태의 자궁 같은 편안한 느낌을 준다.

여기에서 육안으로 보이는 여도를 향해 좌수사는 배를 띄웠지만, 지금은 뱃길이 아니다. 조발도, 둔병도, 낭도, 적금도를 줄줄이 잇는 다섯 개 다리를 건너며 바다와 섬을 창밖으로 교차로 밀어내는 호사를 누릴 수 있다. 천천히 차를 몰고 백리섬 섬길 위에 놓인 첫 번째 대교인 화양조발대교에 이르면, 두 개의 다이아몬드형 주탑이 선명하게 시야에 들어온다. 이어 둔병대교, 하나인 주탑이 비대칭 활대처럼 휘어진 사장교로, 활시위를 당긴 듯한 팽팽한 긴장감이 교량을 받치며 금방이라도 화살을 날릴 기세다. 빗발처럼 내리치는 현수 케이블 사이를 달리다 보면, 차장을 가르는 바람 사이로 현악 연주 소리가 들리는 듯한 착각에 빠진다. 낭도대

이목마을 이정표

좌수사는 이목마을과 구미마을이 둥그렇게 이어지면서
형성된 포구인 이목구미에서 배를 띄워 여도로 향했다.

교에 들어서면 주변의 시야가 탁 트이며, 군더더기 없는 바다와 섬이 모습을 드러
낸다. 다리의 단순함이, 주변의 모습을 선명하게 부각한다. 이어진 낭도터널을 빠
져나와 해안과 산간 도로를 지나 만난 적금대교의 붉은 아치는 잠시 주변 시선을
빼앗는 듯 하지만, 곧 섬과 바다에게 자리를 내주고 무대에서 한 발 겸손하게 물
러서는 조연의 느낌을 준다. 마지막 팔영대교에서는 팔영산의 자취를 스치는 듯
볼 수 있다. 우뚝 솟은 주탑과 다리 상판을 하프의 현과 같이 굵직한 케이블로 연
결한 거대한 현수교는, 오케스트라의 현란한 연주로 남해안 교량 여행의 절정을
선물한다.

　여도진성지 또한 오랜 세월과 전투를 치르면서 무너지고 부식되어 대부분 성
벽은 윤곽만 남았지만 서너 채씩 놓인 오래된 어촌과 어울려 과거의 정취를 뿜어
낸다. 어떤 성곽은 마치 민가의 담장처럼 흡수되고 끊어진 꼬리는 숲속에서 돌무

덤을 이룬 채 잡초와 힘겨운 싸움을 벌이고 있지만, 서쪽 성벽은 제법 기다랗게 이어져 성벽의 대오를 위태롭게 유지하며 세월과 맞서고 있다.

당시 좌수사를 맞이한 인물은 흥양현감 배흥립과, 권관 김인영이었다. 여도진은 종4품인 만호가 다스리는 군사기지, 말단 무관으로 종 9품인 권관이 임시로 다스리고 있었다면 전임 지휘관은 아마 경질되었을 것으로 추론된다. 점검 결과, 전선은 모두 새로 만든 것이고 무기는 완전한 것이 별반 없었다. 아마 좌수사가 부임한 이래 부지런히 젊은 권관 김인영을 수족처럼 부려 여도진의 전선과 무기를 보충하고 활기를 불어넣었을 것이다. 그는 옥포 해전을 비롯한 숱한 전투에서 공을 세우고 결국 만호로 승차한다. 소비포 권관 이영남 등 젊고 유능한 장수에 대한 이순신의 애정이 각별했다는 사실은 난중일기 곳곳에서 드러난다.

여호항에서 방파제와 하얀 등대를 보고, 100여 m 길이 원주교를 건너면 원주도에 갈 수 있다. 여호마을과 팔영산이 조망되고 섬을 돌아 원주 회관에 서면 넓은 자연의 갯벌과 '꼬사리섬'이 보인다. 무인도이다. 누가 보아도 아름답지만 아무도 탐내지 않아, 누구도 지킬 필요가 없지만 아무나 즐길 수 있다.

좌수사는 여도진에서 고흥읍 옥하리의 흥양현으로 향한다. 과거의 고흥군청 자리로 지금은 옥하 공원이 조성되어 있다. 자동차로는 30여 분 거리, 좌수사는 산꽃과 봄풀이 그림 같다면서, 중국의 신선이 살았다는 영주를 떠올린다. 고흥군 점암면 다도해상국립공원팔영산지구와 운암산 일대다. 천연림이 우거진 가운데 무리 지어 피어나는 이름 없는 야생화와 무성한 봄풀이 무관의 마음에 잠시 나그네의 객수를 불러일으켰을 것이다. 산자락을 끼고 있는 한적한 시골 도로를 천천히 달리면서 가끔 차를 세우고 우거진 수목의 협로를 헤쳐가는 좌수사의 행렬을 연상해 볼 수 있다. 오색 깃발을 휘날리고, 북과 나팔을 불며 가마를 탄 원님 행차가 아니라, 숨 가쁘게 군마를 몰아 군사기지를 점검하는 무관을 연상해 보는 공간이다.

여도진성지 성벽은 오랜 세월이 지나면서 수풀 속에 자연스럽게 녹아들었다.

물때가 맞으면 여도진 성터에서 바닷가 낮은 전신주 뒤로 움푹 들어간 물속에 잠긴, 돌로 만든 거북선 선창을 내려다볼 수 있다.

여도진성지에서 본 여호마을과 여호항

곳곳이 허물어져 옛 모습을 거의 잃어버린 성터에 올라 수풀이 무성한 정상부에 서면 여도진의 생활터전이었던 넓은 개활지가 펼쳐진다.

흥양현지도

옥상마을에 남아 있는 흥양읍성의 북벽은 세월의 흐름을 견딘 채, 옛 모습을 그대로 유지하고 있다.

흥양현의 옛 지도, 현재의 옥하공원 자리에서 흥양읍성터를 확인할 수 있다.

흥양현읍성 성벽 앞에는 옥하 공원이 조성되어 있고 과거 성벽이 여도진성과 달리 제법 남아 있어 과거와 현재 정취를 동시에 느낄 수 있다. 또 공원에서 성벽에 가는 길목에는 '여순 10·19 민간인 학살지'라는 안내판이 잠시 시대의 징검다리 역할을 한다. 전쟁과 학살, 그 속에서 치열하게 살아가는 생존 터전을 지키기 위해 5포 중 4포가 흥양현에 자리 잡고 사방에 날카롭게 신경을 곤두세우고 있었다. 이제는 평화로운 공원이 들어서 있어, 시간은 언제든 공간을 모순적으로 짜내는 주술사라는 사실을 인정할 수밖에 없다.

이곳을 다스리는 흥양현감은 종6품의 벼슬아치, 읍성 현감 배흥립은 주변 4포

녹동항에서 소록도를 연결하는 소록대교 일몰

의 기세에 눌려 지내는 처지였을 것이다. 하지만 그는 임진란에 뛰어난 무공을 세
워 이후 종2품인 가의대부에 이름을 올린다. 좌수사는 이곳에서 공무를 마친 뒤
활을 쏘고 술자리를 갖는다. 그리고 동행하며 심부름하던 하인들에게도 술을 내
려준다. 유자가 섞인 고흥의 전통 막걸리라면 호사를 누린 셈이다.

 좌수사는 이튿날 도양읍 봉암리 녹도진으로 길을 잡고 도화면 덕흥마을에 있
는 흥양선소를 경유한다. 이 마을의 옛 이름이 '선소(船所)'였던 만큼 임진란 극복
의 주역인 판옥대선이 끊임없이 건조된 군수기지에 해당한다. 지금은 간척되고
매립되어, 덕흥선소길이 되었고 적잖이 육지로 둔갑해 선소터에는 민가가 들어
섰지만, 발포강 등 고흥군의 깊게 팬 만 곳곳에서는 백성들이 생계를 이어가는 짬
짬이 고단한 일손을 놀렸을 것이다.

쌍충사에 세워진 정운 장군 동상, 그 뒤로 현충탑이 보인다.

녹도진성은 고흥반도 서남쪽 끝자락에 있었던 녹도진을 일컫는다. 남으로 소록
도와 거금도가 보인다. 그 앞바다는 전란 막바지 제2 한산해전으로 불리는 절이
도 해전이 신기루처럼 상영되면서 한양을 향해 마지막 서진을 시도했던 왜 수군
의 길목에 쐐기를 박은 장소다. 사료는 많지 않지만 절이도 해전 승전탑이 세워진
인근 바다가 그날의 목격자이다. 녹도진성도 세월과의 전쟁에서 살아남기란 어
려웠다. 건물과 경작지에 그 자리를 내주고 남문 근처 일부 돌조각이 그 시절을

쌍충사에 모신 충렬공 이대원과 충장공 정운 장군의 영정

증언하고 있을 뿐이다. 다만 과거의 녹도진성지를 알리는 팻말은, 몇몇 흩어진 돌 조각 속에 남겨진 녹도군의 기상이 기억의 유전자를 통해 후손에게 영원히 전승 되고 있음을 알리는 구체적이면서도 추상적인 조형물이다. 녹도진성지에는 '임 진왜란 해전 성지'라는 팻말 아래, 녹도진성지와 쌍충사 팻말이 좌우로 붙어있다. 두 명의 녹도만호를 모시는 쌍충사에는 이대원과 정운의 기상, 녹도군의 정신이 동시에 얽혀 있다.

좌수사는 5포를 순찰하면서 만호 정운에게 최고점을 준다. "봉두에 오르니 경 치도 빼어나지만 만호 정운의 극진한 마음이 미치지 않은 곳이 없다."라고 평가 한다. 조선 수군의 선봉부대, 녹도군의 전력은 거저 생겨난 것이 아니었다. 준비 없이 전쟁을 치를 수는 없지만, 용맹이 없다면 준비도 무용지물이다. 이 둘을 모 두 갖춘 장수가 만호 정운이라는 사실은, 그가 부산포 해전에서 전사했을 때 좌수 사가 구절구절 안타까움 속에 지은 조문에서 여실히 드러난다.

쌍충사 내삼문(위)과 쌍충사(아래)

21세에 순국한 이대원 장군의 동상

만호 정운을 모시는 정려는 그가 태어난 전남 해남군 옥천면 대산리에도 세워
졌다. 전라남도 기념물 76호인 '정운 충신각'이다. 정려(旌閭)는, 국가가 충신, 효
자 등의 뜻을 기리고자 일종의 훈장과도 같은 상징물로 지은 정문(旌門)이다. 그
안에 조촐한 사당이 자리 잡고 있다. 또 부산 다대포에도 정운을 기리는 유적비인
'정운 순의비'가 몰운대 끝에 세워져 있다. 부산포해전에서 전사했기 때문이다.
대한민국 해군의 1,200톤급 잠수함 6번함은 '정운함'이다. 1997년 진수된 이래
여전히 실전 배치되어 임무를 수행 중이다. 녹도진성지의 성곽은 무너졌지만 성
곽 속에 녹아 있던 그 정신이 세월을 뛰어넘어 최첨단 잠수함으로 환생한 것이다.

녹도진성지에서 해안도로인 천마로를 타고 달리다, 발포삼거리에서 충무사길
로 갈아타면 40여 분 만에 고흥 충무사에 도달한다. 초기구간은 남파랑길70코스

와 겹쳐 소록도와 거금도, 거금대교를 확연히 조망할 수 있으며, 잠시 도로를 이
탈하면 '오마간척한센인 추모공원'에 들를 수 있다. 추모공원에 있는 다섯 마리
의 말 조형물은 지금은 간척으로 뭍이 된 다섯 개의 섬을 상징한다. 간척 사업은
5·16군사쿠데타 직후인 1961년 군의관 출신 육군 대령 조창원이 소록도병원장
으로 오면서 시작되어 1988년 완공되었다. 바닷물이 빠지면 뭍과 연결되는 고발
도, 분매도, 오마도, 오동도, 벼루섬 등 다섯 섬을 이은 모양새가 말(馬)을 닮았다
고 '오마도(五馬島)'라 불리는 곳이다. 뭍에 자기 땅을 갖고자 했던 한센인들의 희
망이 짓무른 손가락과 발가락이 잘려 나가는 고통 속에서 흙더미를 날라 간척지
에 쏟아붓는 초인적인 힘을 발휘하게 했지만, 결국 '한센인의 한'으로 남은 곳이
다. 인근 주민의 대대적인 반대 운동에 부딪혀 사업권이 전라남도로 넘어가면서
뭍에 살고 싶던 한센인들의 희망이 물거품이 된 것. 소록도의 두 배에 달하는 농
경지에, 한센인들은 단 한 번의 파종조차 해보지 못한 채 다시금 소록도로 내몰려
돌아가야 했다. 전쟁 같은 한센인의 노동을 상징하는 조형물 앞에 서면, 임진란
당시 부역에 나섰던 백성들이 겹치며 국가 권력과 개체의 삶을 돌이켜 보게 한다.
사람에게서 나오는 국가 권력이 때로 홀로 춤추며, 결국 사람을 학살하는 잔인한
실체로 떠돈다. 이는 임진란 당시 참전한 일본군에게도 마찬가지로 적용된다.

　고흥군 도화면 발포리에 있는 충무사는 이순신 장군이 수군과 첫 인연을 맺은
곳이다. 1580년 7월 36세의 나이로 발포 만호로 부임해서 18개월간 재임하다 파
직되었던 것. 여기에는 이순신의 기질과 성품을 보여주는 일화가 전해진다. 당시
직속상관인 전라좌수사가 방답진 성내에 있던 굵은 오동나무를 베어 거문고를
만들려고 하자, "관청의 물건은 누구도 사사로이 쓸 수 없다."면서 정면으로 거부
했고, 이로 인해 미운털이 박힌 것이다. 이른바 청렴광장에는 전국에서 청렴을 다
짐하며 보내온 다양한 문구가 새겨져 있지만, 결정적인 순간에 청렴을 실천할 수

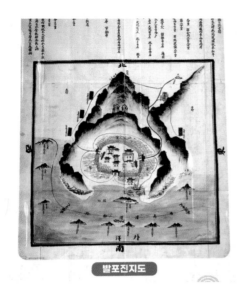

발포진지도

발포진의 옛 지도

있는 힘은 '말의 조각'과는 다를 것이다. 선비에게 주어지는 최고의 명예로, '스스로 이 명성을 감당할 사람이 매우 드물다.'는 '염근(廉謹)청백록'의 의미가 이를 잘 보여준다. 말은 손쉽게 내뱉지만 살아가며 이를 감당하기란 버겁다는 의미다.

충무사 입구에는 발포만호성 유적이 제법 옛 모습을 간직한 채 기다랗게 도열해 있고, 성을 나와 마을에 들어서면 충무사와 발포역사전시체험관이 갈라지는 삼거리에서 굴강 흔적을 볼 수 있다. 간척 사업으로 이제는 바다와 호흡하는 탯줄이 끊기고 물이 말라 바닥을 드러내고 있지만, 일부 석축은 '그때 이곳'에서 거북선이 건조되어 발포항으로 진수되었다는 사실을 알려준다. 말라빠진 흔한 연못처럼 보여 다리 옆에 세워진 팻말을 유심히 보지 않으면 자칫 지나치기 예사다.

발포진 선소터의 표지판

바다쪽에서 바라본 고흥 발포항. 가운데 발포역사전시체험관이, 왼쪽 산 밑으로 충무사와 발포진 성곽이 자리한다.

인근 지역이 매립된 발포진 선소터는 지하 수로를 통해 바다와 간신히 이어져, 그 명맥을 유지하고 있다.

옛 모습을 제법 간직한 채 발포만호성이 도열해 있다.

발포만호성에서 본 발포항. 인근에 백로, 왜가리 도래지가 있다.

발포만호 이순신과 오동나무

이순신이 발포만호로 있을 때(1580.7~1582.1) 전라좌수사가 거문고를 만들 욕심으로 이 자리에 서있던 오동나무를 베어가려 했다. 직속상관이었던 그가 군사 몇 명을 이곳에 투입했을 때였다. 이 나무는 관청의 재목으로 오랫동안 잘 자란 것인데 누구도 함부로 베어갈 수가 없다 라고 이순신이 외쳤다.

상관의 사리사욕을 질타하고 객사의 오동나무를 지켜냈던 발포만호 ... 그(이충무공)의 ... 의 으뜸 ...

이순신의 성품을 엿볼 수 있는 오동나무터, 바로 앞에 조성된 청렴광장에는 무수한 공직자의 다짐이 블록에 새겨져 있다.

잡초가 무성한 발포역사전시체험관 인근 바위 언덕에는 가슴 아린 가족 동상이 세워져 칠천량 해전의 또 다른 비극을 보여준다.

긴급상황에서 봉수를 피워올린 사도마을복지회관 뒷산

발포역사전시체험관은 전시관과 체험실을 고루 갖추고 내용도 충실해 제법 시간을 두고 볼거리를 즐길 수 있다. 전시의 테마는 '고흥 사람'. 이순신을 도와 임진란을 극복한 고을 고흥을 부각하고 있어, 과거 흥양현의 자부심이 곳곳에 꿈틀거린다. 체험관을 나서면 바위 위에 있는 여인과 아이의 동상이 시선을 잡아끈다. 바위 옆 계단을 오르면 남편을 잃은 아내와 그 치마 뒤에서 세상의 마지막을 보고 있을 소녀, 그리고 어머니 품에 안겨 마지막 숨결을 느끼는 아이까지, 모두 세 명의 동상을 볼 수 있다. 그리고 이순신 장군의 휘하 장수 황정록 장군과 얽힌 이야기가 소개된다. 장군이 적탄을 맞고 전사하자, 그 아내인 송 씨는 두 아이와 함께 "살아서 무엇하겠느냐."면서 마을 동쪽의 우암절벽에서 깊은 바다에 몸을 던져 자결한 것이다. 죽음으로 풀린 이승의 인연을 다시 죽음으로 맺은 가족 이야기다. 수군으로 첫 인연을 맺은 곳을 다시 찾은 좌수사를 예전의 오동나무는 반갑게 맞았을까, 아마 덩그러니 베어져 등걸만 남았을 것이다.

좌수사는 이튿날인 24일 쏟아지는 빗속에서 사도진으로 향해 배를 점검하고 하룻밤을 묵은 뒤, 사도진 순찰에 나섰다. 결과는 낙제점, 병사 동원 및 무기 관리

사도마을과 와도 사이의 포구에는 임진란 당시 활약한 두 첨사에 대한 이야기를 담은 표지판이 세워져 있다.

사도복지회관과 와도 사이에 판옥대선이 정박해 있었다.

방파제에서 본 방답진 선소

등을 맡은 군관과 아전들이 줄줄이 처벌받았고 사도첨사 김완은 포박당한 채 동헌에 무릎 꿇려 문책당하는 수모를 겪었다. 하지만 좌수사는 김완을 경질하지 않았다. 임진란이 터진 이후 행정가가 아닌 장수 김완의 모습은 이순신이 그를 포용한 이유를 잘 보여준다. 그는 적선 및 적지에 단기로 뛰어들어 왜군을 유린하는 용맹을 보였다. 준비는 부족하지만, 용맹을 갖춘 장수도 필요했던 것이다.

과거 사도진성지였음을 알리는 표지판은 사도마을의 금사보건진료소를 지나 사도복지회관 앞에 세워져 있다. 복지회관에서 정면으로 보이는 섬이 와도, 사도진을 둘러싸는 병풍 역할을 하면서, 그 사이에 사도진의 판옥대선이 잔파도에 흔들거리며 선수에 그려진 귀신 머리를 사납게 흔들며 정박해 있었을 것이다. 이곳 지형이 사도는 뱀머리 형상을, 와도는 개구리를 연상케 해 각각 이름이 붙었다고

방답진 굴강은 당시 형태를 그대로 유지, 조선시대 굴강 연구에 많은 도움을 준다.

굴강은 지금도 어민 정박지로 활용되는 천혜의 요새로, 최근 발굴조사 작업이 한창이다.

팔영대교는 고흥 방향에서 여수로 가는 첫 번째 다리로, 바다 위에서 팔영산이 펼친 신비로운 자태를 볼 수
있게 한다.

한다. 뱀과 개구리의 먹고 먹히는 긴장이 흐르는 해협에 조선 수군이 정박했던 셈이다. 복지회관에는 수군진 관련 비석 한 기가 남아 있다. 거북모양의 비석 받침돌인 귀부도 오랜 세월을 항해하면서 비석을 잃어버리고 망연자실한 채 남아, 오히려 사도의 역사를 증언해 준다. 임진란 중 사도 첨사는 김완과 황세득. 김완은 칠천량해전에서 왜군에게 포로로 붙잡혔다가 탈출하는 고난을 겪었다. 좌수사와 인척으로 맺어지기도 했던 황세득은 전쟁 막바지 순천왜성을 둘러싼 공방전에서 전사한다. 긴 전란 속에서 사도진 지휘관도 만만치 않은 부침의 세월을 보낸 것이다. 금사리 산 109, 사도회관에서 보이는 산 '앞망'에는 과거 봉수대가 설치되었다. 과거의 유적은 터로만 남아 있지만, 앞망은 끊임없이 횃불을 태우고, 시커먼 연기를 토해내면서 조선의 위기를 알렸을 것이다.

　현재의 사도마을은 과거 첨사가 다스리던 마을치고는 지나치게 한적한 어촌이다. 금사권역사업 종합안내, 관광 안내 표지판이 빛바랜 채 세워져 있어 이곳이 종합개발이나 관광지와는 다소 동떨어진 외딴곳임을 보여준다. 사도진 해안 길을 타고 달리면 크고 작은 섬들과 띄엄띄엄

이어지는 어촌과 하늘, 바다, 그리고 구름이 흘러간다. 그리고 느릿느릿 자동차를 달리면 시간의 흐름이 멈춘 사도마을과 시간을 뛰어넘는 갯마을의 자연 정취를 모두 느낄 수 있다.

좌수사는 개도를 거쳐 배를 타고 26일 날이 저물어서야 마지막 순찰지인 방답진에 이른다. 무기를 점검한 결과 장전(長箭)과 편전(片箭) 가운데 하나도 쓸만한 것이 없어 참으로 걱정스럽다고 토로한다. 지금으로 치면 대부분 개인화기가 정비 불량으로 작동되지 않았던 셈이다. 다행히 전선은 양호했다고 평가해 방답진의 성적은 중간 정도에 해당되었다. 새로 부임한 첨사 이순신(李純信)의 어깨에 많은 짐이 지워진 것이다.

방답진성은 제법 그 흔적이 남아 있는 수군 기지다. 돌산초등학교 인근 동령고개에서 돌산읍사무소 뒷산 중턱으로 성벽이 둘러 있었는데, 서문 남쪽 성곽 일부는 거의 원형에 가깝게 보존되어 있다. 또 동헌은 현재 돌산읍사무소 별관으로 쓰이고, 군관청과 서기청도 남아 있다. 좌수사는 27일 북쪽 봉우리에 올라 지형을 살피고는 외딴섬에 자리 잡은 방답진의 지형을 우려한다. 사방에서 적의 공격을 받을 우려가 크고 성과 해자도 엉성하여, 갓 부임한 첨사가 애는 썼으나 미처 다 갖추지는 못했다고 평가한다, 아마 지금의 천왕산 정상에서 방답진성 전체 지형을 조망했을 것이다. 좌수사는 느지막이 배를 타고 경도에 이르러 9일간 순찰 과정에 쌓인 여독을 술자리에서 풀어내고 본영으로 귀환한다. 전란 발발, 한 달 보름여 전이었다.

난중일기는 5포의 순찰 과정을 간략하게 적고 있지만 순찰하던 좌수사의 머릿속은 복잡했을 것이다. 멀리 하늘에서 보면 왜구와 맞닿은 조선의 남해안, 그리고 그 남해안의 한 구획을 맡아, 끊임없이 기승부린 왜구의 노략질에 맞선 5포는 지금은 관광지가 되었지만 당시에는 위태로운 최전선이었다. 그리고 좌수사는 왜구의 국지적인 침탈과 더불어 대규모 전란 조짐도 이미 예단한 상태였다. 판옥선에 함포를 탑재하고, 거북선을 건조하는 일은 몇몇 기동성 빠른 왜구를 잡기 위한 수단이 아니다. 대규모 함포전을 전제로 기존의 해전 개념을 뒤집는 전술로 볼 수밖에 없다.

　좌수사가 방답진에 가기 전에 거친 개이도는 현재의 개도이다. 이곳의 개도막걸리는 알코올 맛을 단맛과 탄산이 누르고, 여기에 신맛이 마지막까지 남아 입에서 맴돈다. 그리고 좌수사는 여수 본영에 복귀하는 27일 여수시 경호동 경도에 머무르며 해가 저물 때까지 아우 이우신 등과 술을 마신다. 여수 국동항에서 뱃길로 10분이 채 걸리지 않는 경도의 어촌 마을은 아담하게 한 눈에 들어와 마치 '동화 나라 아일랜드' 풍경과 같다. 그 뒤로 자리 잡은 경도 리조트와 골프장이 바다 위를 떠다니는 것 같은 느낌을 준다. 그리고 동백꽃과 '하모'는 경도를 대표하는 또 다른 간판들이다. '하모'는 갯장어를 뜻하는 일본어 '하무'에서 유래되었고 '유비키'는 살짝 데친다는 의미, 결국 '하모 유비키'는 갯장어 샤부샤부이다. 대추와 당귀 등 약재를 넣은 국물에 무, 양파, 파프리카 등 식당에 따라 서로 다른 채소가 사용된다. 여기에 깨끗한 남녘 갯벌서 잡은 신선한 장어를 살짝 데쳐 양파장아찌, 생양파 고추 양념, 간장, 초장 등을 곁들인다. 하모는 담백하고 부드러우며 씹을수록 고소한 맛이 난다. 여기에 경도 막걸리를 더해 본다. 잘 어울린다. 막걸리와 하모 유비키, 우리말이든 일본어이든 음식의 맛은 모두 자연에서 우러나온다. 그런데 인간이 만든 단어의 조합에 역사적 맥락이 결합하여 '막걸리'와 '유비키'가 어울리는 상황이 어쩐지 어색하다. 사람도 자연에서 비롯되었지만, 우리와 일본의 오래고도 모진 다툼 또한 자연스러운 현상인지, 자연을 거스르는 인간의 속성인지는 알 수 없다.

손죽도(巽竹島)

조선 수군의 선봉,
녹도군 군기(軍紀)의 발원지

2. 손죽도(巽竹島)
- 조선 수군의 선봉, 녹도군 군기(軍紀)의 발원지

임진란 내내 녹도진의 녹도군은 조선 수군의 선봉이며 최강군이었다. 그렇다고 녹도군이 애초부터 강군은 아니었다. 무수한 패배와 좌절, 그리고 다시 서는 용기 속에서 다져져 전란을 주도한 정예로 거듭난다. 임진란 이전, 녹도군은 임진란을 예고한 손죽도 왜변 당시 참혹한 패배를 맛보았다. 최전선에서 전투를 지휘한 녹도 만호는 왜군에게 사로 잡혀 머리가 잘린 채 바닷가에 버려졌다. 더구나 녹도군 사령부인 전라좌수영은 그 전투 내용을 속인 채, 조정에 보고한 죄를 입어 정3품이었던 전라좌수사 심암이 한양의 당고개에서 공개 참형 당하는 수모를 겪었다. 최고 사령관과 전투 지휘관을 동시에 잃은 부대였던 것이다. 그럼에도 녹도군이 다시 설 수 있었던 것은, 녹도만호의 죽음이 군인의 기상을 한 치도 어그러트리지 않았고, 이것이 분명 녹도군의 군기(軍紀)가 되었기 때문이다. 이는 손죽도에서 시작된다.

한국섬진흥원은 2023년 '3월의 섬'으로 손죽도를 선정했다. 바다 위 정원 박물관과 이대원 장군, 삼각산이 선정의 주된 이유였다. 이대원 장군(21세)은 임진란 발발 5년 전에 터진 정해년(1587) 손죽도 왜변 당시 녹도 만호이다.

실제 손죽도에는 흔히 기대하는 거창한 박물관은 없지만 다채로운 개인 박물

폐교된 손죽분교는 영화 '해리포터'에 나올 법한 신비로운 별장을 연상시킨다.

관을 볼 수 있다. 지난 5년 동안 집주인의 취향에 따라 집집마다 꽃을 심고 정원
을 가꾸는 섬이기 때문이다. 마음만 먹으면 여기저기 편안한 인심이 느껴지는 돌
담길을 기웃거리며 부담 없는 야생화와 수선화, 동백 등이 어우러진 갖가지 자연
정원을 마냥 즐길 수 있다. 이어 손죽새터길로 길을 잡아 100여 년 역사를 지닌
거문초등학교 손죽분교장을 둘러보는 재미가 쏠쏠하다. 잔디밭 운동장과 단층
교사가 마치 해리포터에 나올 법한 오래된 별장을 연상시킨다. 콘크리트가 아닌
화강석으로 마감한 외벽과, 입구에 세워진 원통형 대리석이 고전적인 멋을 더한

다. 반공교육(反共教育)을 강조하던 시절 유행처럼 번져나간 이승복 조각상이 시계를 거꾸로 돌리고, 1974년 설을 지내기 위해 큰집에 가다 충북 보은군 마로면 험준한 고갯길에서 쓰러진 아버지를 껴안고 눈에 덮여 함께 동사한 효자 정재수 어린이상, '체력은 국력' 조각상 등이 그 시절로의 몰입을 지원한다. 교문은 바다를 향해 있어 선착장이 보이는 고요한 풍경이다. 어슴푸레 떠오르는 막연한 유년의 향수를 자극하는 손죽분교는 1923년 3월에 설립되어 한 주민이 손주를 전학시키는 열성을 부렸지만 2022년 결국 폐교되어 전남교육문화유산 제7호로 지정되었다. 교정 한 편의 '손죽초등학교 개교 100주년 기념탑'은 학교의 연혁과 교가를 간략히 기록한 채, 변치 않는 남해 바다를 바라보고 서 있다. 마을 주민들은 학교 운동회와 소풍날이 손죽도 축제일이었다고 회상한다.

아름다움은 이를 지켜내는 사람들에게 늘 일정한 대가를 요구한다. 손죽도는 여수연안여객선터미널에서 뱃길로 1시간 20여 분 남짓한 거리, 도서 지역 여객선 지원정책에 따라 요금 50%가량이 할인된다. 도서 주민의 경우 요금은 1,000원이다. 매표소 창구에는 천원 짜리 지폐에 말린 신분증이 차례로 줄을 선다. 손죽도항에 도착하면 무엇보다 먼저 이대원 장군 동상이 눈에 들어온다. 아담한 체구가 앳된 청년 나이에 전사한 장군을 연상케 한다. 그리고 바위산인 삼각산으로 가는 길목은 울창한 대숲이 사각대는 소리와 함께 좁은 골목길을 내준다. 모든 집이 박물관인 아름다운 섬과 장군의 칼, 삶이 늘 동화처럼 아름다울 수 없다는 사실을 손죽도는 첫인상부터 일깨워준다. 징비록이 전하는 손죽도 왜변은 참혹했고, 임진란의 어두운 그림자를 충분히 예견케 했다.

봄볕이 무르익은 정해년 4월 4일, 백성들이 서소문 남서쪽으로 4km 남짓 떨어진 당고개로 몰려든다. 군기시 앞길에서 행하는 능지처참 다음으로 가혹한 당고

손죽도 선착장의 앳된 이대원 장군상은 보는 이의 마음을 애틋하게 한다.

개 공개 참형이 예고되었다. 역모나 부모 살인죄인, 화적이 아닌 정3품 벼슬아치에 대한 사형집행은 드문 일이었고, 이를 둘러싼 백성들의 의문은 깊어갈 수밖에 없다. 함거에 실려온 전임 전라좌수사 심암(沈巖)은 애서 의연했지만 집요하게 따라붙는 죽음의 그림자를 떨쳐내지 못한다. 맨상투에 백의를 입고, 도성을 향해 두 차례 절을 하는 심암은 창백한 얼굴로 다리를 몹시 떨었다. 망나니의 섬뜩한 칼춤은 길게 이어지지 않아, 오히려 허망하다. 백성들이 약속이나 한 듯이 무의식적으로 탄성을 뱉어내는 순간, 심암의 선혈이 멍석에 번진다. 베인 머리에 잿가루를 먹이면서 참형은 끝이 났고, 백성들 사이에서는 두 달 전 전라도의 한 외딴섬에서 일어난 왜변을 둘러싼 온갖 소문이 꼬리를 문다.

지난 2월, 전라좌수영이 관할하는 5관 5포 중, 전진 기지에 해당하는 녹도에 왜구를 가득 실은 왜선 5척이 정박했고, 녹도만호 이대원(李大源·21세)은 즉각 군사를 휘몰아 이들을 퇴치했다. 이대원이 사수를 동원해 왜병의 기세를 꺾고, 단기로 뛰어들어 왜장의 목을 베자 살아남은 왜군이 뿔뿔이 도주했다. 젊은 만호의 혁혁한 전과를 보고 받은 전라좌수사 심암은 오히려 이대원을 "보고도 없이 군사를 움직였다."고 문책했다. 녹도와 전라좌수영은 짧지 않은 거리, 전시 상황에서 이를 보고해 본들 큰 의미가 없다. 젊은 나이에 만호에 오른 이대원의 출중한 용맹에 대한 시샘이 깔려 있었다. 며칠 뒤, 보복에 나선 왜구는 18척으로 함진을 구성해 녹도 남쪽 30여km 뱃길인 손죽도를 점거, 본격적인 왜변으로 확대된다. 급보를 받은 전라좌수군이 호기롭게 출정기를 세우며 합류했으나, 사흘 동안 계속된 전투에서 이대원이 지휘하는 녹도 함선만이 왜선과 교전을 벌였다. 왜선에서 소형 철환이 빗발치자 본영의 판옥선 사수들은 아예 사정거리에 접근조차 못 했다. 결국 녹도 대장선이 왜의 함진 한 가운데 포위되면서 왜병의 도선을 허용한다. 왜병들은 조선 수군의 머리를 칼끝에 꿰어 들고 환호성을 지르고, 만호 이대원은 실신한 채 피투성이가 되어 뭍에 질질 끌려간다. 그리고 조선 수군들이 함상에서 지켜보는 가운데 해변에서 목이 잘린다. 21세, 약관의 나이에 종4품에 오른 젊은 무장이었다. 이후 왜구는 마도진, 가리포진을 휩쓸며 양민을 닥치는 대로 살해한 뒤, 유유히 퇴각했다. 조선 수군은 아예 보이지 않았다. 왜병이 물러가자 심암은 몇몇 수급을 주워 이대원의 공을 가로채는 장계를 올렸다. 하지만 진상 파악에 나선 관찰사의 장계와 충돌, 한양으로 압송된 것이다. 그런데 심문 과정에서 심암이 문제를 더욱 키운다. 죄를 심문하는 낭관에게 뇌물을 주고 죄상이 기록된 공초(供招)를 일방적으로 자신에게 유리하도록 위조했다. 이것이 다시 들통났다. 공초를 받은 색낭청이 파직되고, 심암은 임금을 연거푸 속인 기망죄를 피할 수 없었다. 현실과 문서가 따로 노는 장수들의 기강 해이를 드러낸 사태였다.

심암이 처형된 날 선조(李昖·이연·36세)는 비망기를 통해 "이대원 모친에게 쌀 20석을 내리고 매달 주육(酒肉)과, 봄가을에 쌀을 보내 여생을 마치도록 하라."

마을 중심에는 이대원 장군을 기리는 사당 충렬사가 있다.

고 전교한다. 젊은 무장의 충절을 높이 세워 심암에게 분노한 민심을 다독인다. 녹도, 혹은 손죽도 왜변으로 불리는 이 사건은 선명하게 대비되는 두 장수의 죽음으로 인해 한동안 저잣거리의 화제가 될 수밖에 없었다. 더구나 우레 같은 굉음을 내며 날아온 작은 철환이 가슴을 관통한다는 왜구의 신무기가 백성들의 호기심을 자극하기에 충분했다. 지금껏 보아온 화살과 편전은 물론, 총통과도 전혀 달랐다. 또 남해의 뱃길과 섬 길을 속속들이 알고 있는 한 조선 어민이 왜군을 도왔다는 소문이 더해진다. 정해년 왜변 당시 길잡이가 되었던 조선 사람 사을배동(沙乙背同)은 백성들에게 용서할 수 없는 공적(公敵)으로 떠올랐다.

손죽도는 삼각산과 마제봉이 서로 마주 보며 마치 염소의 뿔처럼 바다로 뻗어 완만하게 굽이치며 손죽도 항을 품고 있어 바다가 호수처럼 잔잔하며, 깃대봉은 그 염소머리의 코 정도 위치에 자리 잡고 있다. 이대원 장군이 전사한 뒤, "큰 인물을 잃어 크게 손해를 보았다."는 의미에서 손대도(損大島)로 불리다 1914년 손죽도로 개칭되었다.

손죽분교장에서 마을의 중심부로 10여 분 정도 천천히 걸으면 이대원 장군 사당 충렬사를 볼 수 있다. 영정과 위패가 봉안되어 있는데 역시 앳된 모습이다. 사당터에는 500년 된 보호수 느티나무 세 그루가 주변을 가득 덮고 있다. 마을 주민들은 삼월 삼짇날인 매월 음력 3월 3일, 봄날의 첫 명절에 장군에 대한 숭모제를 지낸다.

삼각산 입구의 이대원 장군 동상 인근에는 경기도 평택에 살고 있는 11대 후손들이 조성한 장군의 묘와, 당시 바닷가에서 함께 수습해 장사 지낸 병사들의 묘인 무구장터가 있다. '무구장'은 '묵뫼'의 방언으로 오랫동안 돌보지 않아 황폐화한 무덤을 의미한다. 말 그대로 잡초만 무성한 이곳은 실상 '충혼탑'이 들어서야 마땅한 장소다.

장군이 태어난 경기도 평택시 포승읍에도 이대원 장군 사당을 비롯, 장군묘와 충마총이 조성되어 있다. 이 묘에 장군의 시신은 없다. 다만 장군의 애마(愛馬)가 고향에 가져온 속적삼에 쓴 혈서를 대신 묻었다. 충마총에는 이 말이 속적삼 옆에 나란히 누워 있다.

삼각산 전망대를 향한 산책로에 접어들면 첫 번째, 두 번째 전망대, 그리고 삼각산 전망대에 도달할 수 있다. 두 번째 전망대에 서면 첫 번째에서 본 손죽도가 한층 더 멀어지고 마지막 전망대에서는 마제봉을 멀찌감치 밀어내 호수 같은 바다와 항구를 마침내 한눈에 담을 수 있는 조감도가 완성된다. 항구의 맞은편, 그

손죽도 삼각산 입구에 세워진 이대원 장군의 또 다른 동상, 인근에 장군의 묘와 무구장터가 있다.

러니까 삼각산 전망대 아래 해안가에 목이 잘린 조선 수군의 시신이 떠밀려와 주민들이 무구장터 자리에 묘역을 조성하고 해마다 제를 올린 것이다.

　손죽도에서는 두 분 할머니가 손수 빚어 막 걸러주는 막걸리를 맛볼 수 있었으나 몇 년 사이 고인이 되었다. 이제는 젊은 60대 여성이 그 손맛을 이어받아 한여름이 지나면 종종 빚어낸다. 걸쭉하면서도 톡 쏘는 맛이 별다른 안주 없이도 즐길 수 있는 명품주이다. 손죽도의 유일한 마트이자 주인장이 자리를 비우면 무인점포로 변신하는 손대점빵에서 주문할 수 있다. 전통 명주인 막걸리, 임진란 당시에도 전라좌수사 이순신은 종종 술을 풀어 병사들을 위로했다고 난중일기는 전한다. 그때의 술맛도 지금과 별반 다르지 않았을 것이다. 막걸리 맛이 손끝을 통해 대대로 이어지듯이, 군의 기강과 기상도 병사와 지휘관의 정신을 통해 계승될 수밖에 없다.

주인장이 외출하면 때때로 무인점포로 변신하는 손대점빵

임진란 발발 당시 녹도만호는 정운(1543~1592). 전란 초기 전라좌수사 이순신의 돌격장으로 숱한 무공을 세웠으나 그해 11월 부산포 해전에서 전사한다. 이순신은 "늠름한 기운과 맑은 혼령이 쓸쓸하게 없어져서 뒷세상에 알려지지 못할까 애통하다."는 조문을 쓰며 그의 죽음을 안타까워 했다. 그리고 손죽도 왜변 당시 전사한 이대원 사당에 초혼토록 한다. 녹도만호 두 분의 전사를 기리는 쌍충사가 세워진 기원이다. 전남 고흥군 도양읍 녹도진 성지에 있는 쌍충사는 이대원과 정운을 배향하며, 두 장군의 동상을 비롯해 나라에 목숨 바친 126위의 위패를 모신 현충탑이 들어서 있다.

이후 녹도군은 만호 송여종이 지휘탑을 맡아 조선 수군의 명실상부한 선봉 정예부대가 된다. 송여종은 향시(鄕試)에는 붙었으나 정작 중앙의 대과에는 매번 떨

삼각산 정상에서 본 손죽도 해변, 옥색 바다가 감싼 아름다운 섬이 조선 수군 군기의 발원지이다.

어진 군관 출신으로 한산 해전의 승첩 장계를 가지고 왜군 포위망을 헤쳐 선조가 피신해 있던 의주 행재소에 도착한 인물이다. 이때 용맹과 임진란 초기 전공 등을 인정받아 군관에서 만호로 승차한다. 그는 이후 한산도에서 실시한 대과에 만호의 신분으로 응시해 결국 급제하는 집요함을 보였다. 왜 수군에게 공포의 대상이었던 녹도군은 그러나 칠천량 해전에서 해체된다. 칠천량해전에서 배설의 12척을 제외한 조선 함대는 모두 불타거나 실종되어 조선 수군이 송두리째 흔들렸지만, 가까스로 살아남은 송여종은 이순신과 합류해 명량해전을 치른다. 선봉도, 중군도 없이 대장선이 돌격선이 되는 무모한 전투였지만 조선 수군은 13척 대 133척의 절대적 열세 상태에서 대세를 돌려, 조선 수군의 부활을 알린다. 이후 녹도군은 함대 편제를 다시 갖추고 절이도와 노량의 해전에서 조선 수군의 선봉을 맡아 칠천량 복수의 화신이 되었다. 임진란 당시 조선 수군의 돌격부대 녹도군, 그 정신의 뿌리는 만호 이대원, 정운, 송여종으로 이어졌으며 손죽도는 그 기상을 연 첫 포문인 셈이다.

　손죽도의 한 민박집에서 맛본 달래 양념장은 나물에서도 비린 맛 없는 곰삭은 젓갈 맛이 날 수 있다는 사실을 일깨운다. 지난해 봄에 무인도에서 안주인이 직접 채취해 간단하게 양념해서 묵힌 것이다. 짙은 향과 그윽한 맛이 고기와 생선구이에 두루 어울리면서도 독특한 달래 향과 맛을 고스란히 간직한 음식이었다. 손죽도의 아름다움을 더 오랫동안 각인시키는 '손죽도의 양념 맛'이었다.

거제도(巨濟島) 옥포

영원한 첫 승리,
옥포에서 건진 네 살배기 소녀

3. 거제도(巨濟島) 옥포
- 영원한 첫 승리, 옥포에서 건진 네 살배기 소녀

거제시 옥포동 옥포국제시장은 상가형으로 재정비되면서 외국인 노동자가 많은 옥포의 특성을 감안해 다양한 국가의 음식 문화 행사를 열어, '국제시장'의 면모를 갖추게 되었다. 반면 인근 옥포중앙시장은 일부 상가가 창고로 쓰이기도 해 다소간 을씨년스런 풍경이다. 조선 산업 불황 여파에 겹친 코로나 상처일 것이다. 그렇지만 여전히 두 시장은 삶의 향취가 물씬 풍겨 나는 곳이다. 국제시장이라고 해도 10년 이상 된 전통 국숫집이나 백반집이 여전히 맛집으로 옥포 현지인들에게 사랑받고 있다. 옥포중앙시장에서 잠시 모퉁이를 돌아 인근에 다닥다닥 붙은 식당에서 백반을 먹기로 했다. 이곳저곳을 잠시 기웃거리다 친숙한 메뉴와 저렴한 가격이 눈에 띈 한 식당을 택했다. 메뉴는 제각각 고등어와 불고기 백반을 1인분씩 요구했지만, 주인이 흔쾌히 주겠다고 한다. 호박, 콩나물, 가지무침 등을 비롯한 반찬이 10여 가지, 둘이 먹기에 부족하지 않은 풍족한 식단이다. 반찬은 순환이 잘 되는 덕분인지 막 버무려낸 신선함을 유지했고, 고등어 백반은 쌈 맛이 정겨웠다. 식당을 나와 보니 군데군데 빈 상가가 코로나 한파를 연상시키지만, 들고나는 것이 시장 이치일 것이다.

선착장으로 가는 길에 '애니카랜드 옥포점'을 검색한다. 그 주변에서 옥포진성

재래시장의 정겨운 정취를 간직한 전통 맛집이 자리 잡은 옥포 국제시장.

의 흔적을 볼 수 있기 때문이다. 옥포는 조선시대 만호가 다스렸으며, 경상우수
영에 속해 있었다. 과거 옥포에 만호길이 있었지만, 현재는 옥포성안로 1길, 2길
등 과거 옥포진성의 윤곽을 희미하게나마 연상케 하는 이름으로 변경되었다. 옥
포진성은 포구를 중심으로 포진된 사각 읍성으로 동헌과 군막 그리고 우물과 연
못 등을 갖추고 있었다. 성의 둘레는 약 325m, 높이는 4m로 사방에 문이 있었다
는 사실을 고지도 형상에서도 확인할 수 있다. 옥포시장에서 애니카랜드까지는
1km 남짓한 거리다. 정비소 바로 옆에 파란 주택 지붕이 보이고, '거제 옥포 진성
지' 표지판과 안내판이 붙어 있다. 또 동서남북의 문을 추정한 성벽도 그려져 있
다. 정비소의 담 역할을 하는 한 무더기 돌이, 오랜 역사 속에서 아직 쓰임새가 있
어 살아남은 마지막 유물인 것이다. 갓길의 공용주차 요금은 시간당 1천 원이어

거제의 옥포진성지는 이제 그 터만을 확인할 정도로 희미한 자취만 남아 있다.

서 여유롭게 차 한잔을 마시며 그 시절 흔적을 차분히 들여다볼 수 있다.

옥포진성은 임진왜란이 발발하자 속절없이 무너졌다. 원균이 수사로 있던 경상 우수영은 일찌감치 판옥선을 침몰시키고 도주했기 때문이다. 당시 옥포 만호는 이운용, 27세의 나이에 종4품 만호에 올라 이순신의 해상 전투에 결정적으로 기 여한다. 1587년 8월, 함경도 녹둔도에 침입한 여진족을 맞아 조산 만호겸 녹둔도 둔전관이었던 이순신이 분전할 때 이를 지원하며 이순신과 첫 인연을 맺었다. 그 는 전란 발발 직후 스스로 함대를 침몰시키고 도주하려는 원균에 맞선 유일한 장 수로 알려졌다. 그 덕분에 옥포해전에 경상우수영의 몇몇 함선이 겨우 합류할 수 있었다는 것. 그는 전란 내내 이순신의 신임을 받았으며 전란이 끝난 뒤 선무공신 3등에 오르고, 1605년 삼도 수군통제사로 임명된다. 44세, 흔들림이 없다는 불혹

(不惑)의 나이에 해군참모총장에 오른 격이다. 그는 통제사 시절 통영에 이순신의 사당인 충렬사를 세우고 옥포 전투 현장에도 충무공을 기리는 사당을 지었다. 충렬사 비석에는 "당신은 충무공에게 바다를 제압하는 위업을 마련해 드렸고, 충무공은 당신에게 삼군에서 으뜸가는 대우를 하였다."고 적혀있다. 상관과 부하의 바람직한 관계가 무엇인지를 암시하는 대목이다. 옥포 사당은 현재 그 흔적을 찾을 수 없다.

옥포진성지에서는 시간만 허락되면 두 가지를 동시에 선택, 함께 즐길 수 있다. 하나는 '충무공 이순신 만나러 가는 길'을 걷는 것이다. 옥포항과 팔랑포 마을을 거쳐 덕포 해수욕장까지 5km 남짓한 해안가에서 파도 소리와 갯내를 느끼며, 그리고 수목이 어우러진 오솔길과 데크, 정자를 오르내리며 그날 옥포해전 무대에 최대한 가까이 다가설 수 있다. 다만 바다와 숲이 어우러진 지금의 아름다운 풍광에 줄곧 한눈을 팔면 그날의 포성과 대포 연기, 불타며 가라앉는 왜선과 수군의 아우성에 집중하기 어렵다.

다른 하나는 옥포를 바라보는 언덕에 자리 잡은 '옥포대첩기념공원'을 관람하는 것. 공원 내에는 이충무공의 초상을 모신 사당인 효충사와 전시관, 높이 30m의 거대한 기념탑, 2층 누각의 옥포루 등이 이순신 장군의 업적을 기리고 있어 볼거리가 풍부하다. 전망대를 겸하고 있는 옥포루는 탁 트인 전망을 제공, 기념관에서 본 유물을 머릿속에 담아 바다에서 전개되는 첫 전투인 옥포해전의 치열한 양상을 구상해 볼 수 있다.

우선 옥포항에서 팔랑포 마을까지 한 구간을 걷기로 한다. 항구의 끝에서 바다와 갯바위 위에 흙길과 바위, 그리고 때로 나무 데크가 촘촘하게 쳐진 둘레길이다. 나무가 하늘을 덮어 마치 무성한 숲이다 싶으면 금세 자취를 감추고 시야를 열어 잔잔한 바다와 갯바위, 그리고 갯내가 숲과 교대해 준다. 숲과 바다가 변덕

'충무공 이순신 만나러 가는 길'은 팔랑포 마을과 옥포바다를 끼고 걷는 길이다.

스레 교차하는 산책로 군데군데 사각 정자가 쉼터를 제공한다. 이슬비가 오고 있다. 몇몇 사람은 바다에 낚싯대를 드리우고 언제 잡힐지 모르는 물고기를 기다리며, 웃으며 소주를 마신다. 우산 한 개를 나눠 쓴 연인이 데크 길에서 어깨를 감싸고 걷는다. 바닷가에는 한 부부가 뚜껑을 단단히 씌운 유모차와 함께 서 있다. 숲길이 끝나는 팔랑포 마을 어귀 바닷가 바위 위 정자에서 전란의 와중에 버려져 왜군에게 사로잡힌 네 살배기 소녀의 울음소리를 듣는다. 전라좌수사 이순신이 첫 승전보를 올린 장계, '옥포파왜병장'에 등장하는 소녀다.

임진년(1592) 5월 4일, 날은 맑았다. 깜깜한 새벽부터 좌수영과 포구에 횃불이 켜지고 백성들이 몰려들면서 부산스럽다. 한동안 부지런히 물자가 배에 오르고 함선에 병사가 탑승하면서 제 위치를 잡는, 이미 훈련을 통해 숙달된 출정 준비가 지속된다. 그러나 이번에는 실전이다. 붉게 먼동이 트면서 배는 마침내 출항한다. 생사를 가늠할 수 없는 전쟁터로 향한다. 판옥선 24척, 협선 15척, 민간 어선 46척 등 모두 85척의 좌수영 선단이 본영을 미끄러지듯 빠져나온다.

민간 어선은 군세를 보태 병사들의 사기를 높이면서 병참 지원 및 부상자 치료 등 해상의 후방 업무를 맡았다. 포구에는 아낙네들이 죽음의 문턱을 넘어서는 함선을 보며 장승처럼 서 있고, 철없는 아이들은 무리 지어 조개를 캐는 데 여념이 없다. 함대는 미조항을 거쳐 저물녘 소비포에 도착, 하룻밤 진을 쳤다. 5일 새벽 소비포를 뒤로 하고 경상우수군과 합류하기로 한 당포 앞바다에 도착했다. 하지만 바다는 아직 텅 비어 있다. 좌수사의 전령을 태운 경쾌선이 한산도로 급파된다. 길지 않은 시간이 흐른 뒤 경상우수사 원균의 대장선이 홀로 모습을 드러낸다. 초라한 군세, 하지만 이번 전쟁에서 실전을 치른 유일한 조선 수군이기도 하다. 좌수사는 적선의 수와 정박지, 접전 과정에서 왜선이 화포를 탑재했는지 상세한 전투 양상에 대한 정보를 얻는 데 주력한다. 이어 도주했던 남해현령 기효근 등이 탄 판옥선 한 척, 소비포권관 이영남의 협선, 영등포만호 우치적, 지세포만호 한백록의 판옥선 두 척이 나타나 병사들의 허전한 마음을 다소나마 채워줬다. 좌수사는 전라 좌수군과 경상우수군의 주요 장수를 불러 교전 전략을 거듭 숙의한다. 몇 척의 배가 불어난 연합함대는 거제도 남단을 돌아 송미포 앞바다에 진을 친다. 언제, 어디에서 왜선이 나타나도 이상할 것 없는 최전선, 척후선이 사방에 깔리면서 긴장을 더한다.

7일 새벽 왜선이 정박해 있다는 척후에 따라 가덕으로 항로를 잡고 옥포 앞바다에 이르는 순간, 우척후장 사도첨사 김완의 배에서 신기전이 솟아오른다. 왜선과의 첫 교전, 긴장과 흥분이 병사들을 스치고 어쩔 수 없는 공포가 파도처럼 밀려든다. 함선과 병사들이 모두 출렁거린다. 대장선에서 서서히 오르는 명령기가 바람에 날리며 뚜렷이 보인다.

"함부로 가볍게 움직이지 말라, 태산같이 신중하라."

함대는 결진을 유지하면서 옥포 선창을 서서히 에워쌌다. 왜선 50여 척이 한눈에 들어온다. 온갖 화려한 문양의 비단 휘장으로 치장된 왜대선은 대나무 장대에 매단 붉고 흰 깃발들을 휘장 주위에 꽂아 만장처럼 휘날렸다. 바닷바람에 날리는 형형색색의 깃발들은 보는 이의 눈을 어지럽힌다. 왜선 또한 피할 수 없는 전장의 공포를 떨쳐내려 몸부림치고 있었다.

왜구들이 상륙한 옥포는 온통 연기로 자욱했다. 연기의 장막에 가려진 산과 들은 백성들의 피에 젖고 살로 채워졌을 것이다. 왜군이 허둥거리면서도 재빠르게 승선했다. 뿔나팔 각성(角聲)이 꼬리에 꼬리를 물고 포구에 음산하게 번진다.

조선 함대의 기습 출현에 놀란 눈치가 역력하다. 하지만 성급하게 중앙으로 나오지 않고 포구 주변을 맴돌며 함진을 갖춘다. 전열이 완성되자 그중 여섯 척이 선봉을 맡아 조선 함대의 중앙을 향해 돌진하고 나머지 선단이 일시에 따라붙는다. 층루가 있는 중앙의 대장선을 중심으로 포진한 주변의 전투선들이 유독 사나운 기세로 달려든다. 동서로 갈라져 둥근 원처럼 포구를 감싸 안은 조선 함대는 한동안 침묵하며 왜선의 접근을 기다린다. 돌연 대장선의 총통에서 이번 전란의 첫 포성과 함께 장군전이 날아오르며 개전을 알린다. 대장선에 독전기가 올랐다. 24척의 판옥선이 동시에 불을 뿜으면서 옥포 앞바다에는 조선 하늘의 모든 우레가 한순간에 몰아치는 착각을 일으킨다. 수백 발의 철환과 대장전이 잠시 하늘을 덮은 뒤 솟구치는 물기둥 사이사이에서 둔탁한 파괴음을 울리기 시작한다. 돌격하던 왜선이 암초에 걸린 듯 잇따라 좌초한다. 왜선의 함진과, 갑판에 도열한 왜병들의 질서가 한꺼번에 무너진다. 대장전에 하갑판이 뚫린 왜대선부터 차례차례 초여름의 바다로 가라앉았다. 왜선에는 화포가 없다는 사실이 마침내 실전에서 확인되었다. 사거리가 짧은 조총은 총통 앞에 날개가 꺾인다. 부서지고 깨져 나간 왜대선은 통제력을 잃었다. 전투병이 가득 탄 왜선 26척이 방향과 속도를 잃고 기울거나 침몰하면서 함포가 없는 왜군들은 함대함 전투를 포기한다. 무너지는 배를 살리기 위해 배 안의 물건을 바다에 집어 던지다, 그마저 여의치 못하면 바다에 뛰어들어 뭍으로 기어올라 도망친다. 포구로 좁혀 들어간 함선들은 이제 기능을 상실한 왜선의 잔해에 불붙은 장작과 짚단을 던지고 신기전을 쏘아 불을 지른다. 헤아릴 수 없는 화살과 편전이 바다에서 허우적거리는 왜병에게 쏟아진다. 불꽃과 연기, 적병의 비명이 옥포 바닷가를 가득 채우고 살아난 패잔병들은 산으로 올라 아예 숲속으로 숨어든다. 이날 조선 수군은 왜 수군을 상대로 새로운 해상 전투 방식의 개시를 알렸다. 적선에 배를 붙여 전투병이 뛰어드는 도선(渡船)으로 승부를 내던 전통적인 해전이 아니었다. 판옥선의 총통은 근접거리를 허용하지 않았고, 왜병의 강력한 전투력은 침몰하는 배에 갇혀 무용지물이 되었다. 함대함 포격전을 상상조차 못 했던 왜선에게 조선 수군은 바닷속에서 난데없이 불쑥 솟아오른 저승사자였던 셈이다. 왜군의 조총은 단 한 명의 수군 병사에게도 다다르지 못한다. 깨어진 왜선에서 네댓 살배기 조선 소녀가 허우적대고 있다. 좌부기전통장 순천대장 유섭이 빠르게 배를 몰아 마침내 소녀를 건져 올린다. 함성이 터진다. 부모가 어찌 되었을지 알 수 없는 나이 어린 조선의 포로 소녀, 바닷물에 젖어 파랗게 질려 있다. 병사들의 분노가 독기로 치달으면서 화살이 적진을 사정없이 파고든다. 병사들이 죽음에 서서히 익숙해지고 있었다.

좌수사는 병사들에게 상륙 명령을 내리지 않았다. 험준한 산세에 굴속으로 숨어든 왜군이 기습할 수 있는 데다 자칫 수군이 빠져나간 함대를 다른 왜선이 포위한다면 속수무책이기 때문이다. 늦은 오후 함대는 옥포를 뒤로하고 거제 북단 영등포 앞바다로 물러가 정박했다. 병사들이 나무를 하고 물을 길으면서 야영 준비에 긴장을 늦추는 순간 척후장의 급박한 보고가 도착한다.

'왜대선 5척 발견'

병사를 거두어 좌수사는 적선을 추격했다. 수군의 표정과 행동에 자신감이 묻어난다. 판옥선의 기세에 눌린 왜선은 합포에 배를 대고 육지로 도주한다. 옥포에서 패퇴한 잔류선이 분명했다. 함포의 위력을 이미 경험한 것이다. 이들 배는 모조리 깨어져 불길에 휩싸인다. 조선 함대는 협수로에서 배를 물려 남포에 정박한 뒤 비로소 두 차례에 걸친 첫 전투를 치른 기나긴 하루를 마감했다. 네 살배기 소녀도 민간 어선에 옮겨져 따뜻한 밥을 먹을 수 있었다.

8일 이른 아침 함선은 고리량을 향해 나아가면서 수색 작전을 펼쳤다. 저도를 지나자 적진포에서 왜선 13척이 걸려든다. 마을의 민가는 이미 쑥대밭이 되었을 것이다. 총통이 다시 불을 뿜었고 포구는 연기와 불로 뒤덮인다. 출항할 엄두조차 내지 못한 왜선은 그 자리에서 깨어지고 불타버렸다.

아이를 업은 젊은 남자가 녹음이 깔린 산마루에서 조선 함대 쪽으로 허겁지겁 내려오고 있다. 사도첨사 김완이 경쾌선을 띄워 대장선으로 태워 왔다. 어젯밤에 상륙한 왜적들이 민가에서 소를 약탈해 포구에서 잔치를 벌인 뒤 그중 절반은 오늘 아침 고성으로 향하고 나머지 병력이 배를 지키고 있다는 것. 적진포 사람 이신동, 그는 함선을 타고 왜적을 피하라는 좌수사의 제안을 거절한다.

"왜적이 들이닥치면서 경황 중에 노모와 처자가 모두 뿔뿔이 헤어져 생사를 모릅니다. 여기서 죽더라도 가족을 찾는 것이 도리입니다."

아이를 들쳐업고 다시 엉금엉금 산마루를 오르는 조선의 백성, 이제 병사들에게 전란의 고통은 현실로 다가온다. 그리고 왜 죽음을 곁에 두고서라도 싸워야 하는지 실감한다. 각 포구의 산과 언덕에는 피란민들이 줄을 잇고, 조선 수군이 지나가면 흐느껴 우는 소리가 선상을 휘감았다. 함대는 본영으로 뱃머리를 돌렸다.

고아가 된 네 살배기 소녀와 아이를 들쳐업고 산마루를 오른 적진포 사람은 실제 전란기를 살아간 선인들이다. 전쟁고아인 그 소녀가 전쟁터를 헤매다가 겨우 목숨을 부지했다면 누군가의 아내와 어머니가 되었을 것이다. 그리고 얼굴도 기억나지 않는 부모를 평생 원망할 수밖에 없다. 동유럽의 약소국 라트비아의 가요인 '마라가 준 인생'을 러시아어로 번안한 '백만 송이 장미' 원곡은, 아이에게 생명을 주었지만 무기력한 조국 라트비아는 그 딸들에게 막상 행복은 주지 못하고 고아로 떠돌게 했다는 애절한 가사를 담고 있다. 가사에 걸맞은 구슬픈 곡조에 어린 소녀의 앳된 목소리가 겹치면, 그녀도 힘겨울 때 실상은 자신의 어머니를 그리워하는 연약한 소녀라는 사실이 중첩된다. 전쟁은, 일상적인 삶의 궤적을 아무렇지도 않게 송두리째 무너뜨린다. 옥포의 한가로운 바닷가 산책로는 한때는 걷잡을 수 없는 폭풍우로 무수한 사람의 삶이 무너져 내린 곳이었다.

팔랑포마을에서 찾아간 옥포대첩기념공원에는 사당과 기념관, 그리고 높이 30m의 거대한 기념탑과 2층 누각의 옥포루가 있다. 충무공의 영정을 봉안한 곳은 효충사, 홍살문을 지나 좌우의 판옥선과 거북선을 통과해서 외삼문을 지나, 다시 좌우의 승판재와 거충사를 통과하고, 내삼문에 이르면 마음이 숙연해진다. 명나라 황제 신종이 충무공을 기리기 위해 전달한 명조팔사품 병풍이 좌우로 펼쳐진 가운데, 관복을 입은 충무공의 영정은 마치 하얀 상여에서 만장에 휩싸여 이세상을 떠나가는 듯하다. 그리고 효충사 영정 앞에는 영원한 첫 승리로 임진란의

효충사에서 바라본 옥포 앞바다, 충무공이 첫 승전보를 올린 장소다.

흐름을 뒤바꾼 옥포 바다가 아스라이 펼쳐진다.

옥포루는 옥포 바다를 조망할 수 있는 2층 전망대 겸 누각이다. 이곳에 오르면 옥포조선소의 거대한 선박들과 크레인이 진을 치고 있다. 판옥대선과 거북선을 만들어 진수식을 치르고, 생사를 알 수 없는 전투 현장에 나갔던 수많은 통제영 선소 수군의 후손들이다. 옥포만은 수심이 깊고 간만의 차가 적어 조선소의 입지로 천혜의 조건을 갖추었다. 1981년 옥포조선소가 건설된 이래 대우조선해양 옥포조선소가 각종 선박뿐 아니라 플랜트, 시추선, 나아가 잠수함, 구축함을 건조하는 곳이다. 흔히 선박 강국으로 한·중·일 3국이 손꼽히고 옥포는 치열한 각축전

화강암을 30m 높이로 쌓은 옥포대첩기념탑은 웅장한 규모로 임진란 첫 승리의 감동을 전해준다.

'충(忠)'을 형상화한 참배단은 후손들이 가져야할 마음가짐을 되새기게 한다.

의 한 무대다. 우리는 여전히 모진 이웃들과 옥포해전이 전개되었던 그 자리에서 총성 없는 전쟁을 벌이며 살고 있다.

옹장한 규모의 옥포대첩기념탑은 화강암을 30m 높이로 켜켜이 쌓고 군데군데 옥포해전 상황을 조각, 보는 것만으로도 그날의 감동을 재현한다. 또 인근에는 충(忠)을 형상화한 참배단이 있다. 기념탑과 참배단을 세운 목적은 의외로 단순하게 압축할 수 있다. 네 살배기 소녀를 고아로 만들지 않는 강성한 나라며, 이웃 나라 소녀를 고아로 만들지 않는 도의를 갖춘 나라다.

돌산도(突山島)와 득량도(得粮島)

거북선의 모항(母港),
피란민의 젖줄 둔전리

4. 돌산도(突山島)와 득량도(得粮島)
- 거북선의 모항(母港), 피란민의 젖줄 둔전리

임진년(1592) 4월 12일 처녀 항해길에 나선 거북선은 용머리에서 짙은 유황 연기를 내뿜으며 좌우 총통에서 남해 바다에 철환을 퍼부었다. 거북선에는 근접전에 대비해 사거리가 짧지만 기동성이 높은 현자 총통이 주로 탑재되었다. 이순신은 좌수영 함선을 총통으로 무장하면서 상대적으로 몸놀림이 빠른 판옥선에는 장거리 총포인 천자, 지자 총통을, 갑판이 무거워 무게중심이 높은 육중한 거북선에는 근거리 사격이 쉬운 현자 총통을 주력 배치했다. 거북선은 애초부터 판옥선을 통해 반파된 왜선에 들이닥쳐 마지막 숨통을 끊는 해상 근접 전투용으로, 사실상 확인 사살용 병기였다. 함선에 총통을 탑재한다는 발상은 왜 수군은 상상치도 못한 수군전의 패러다임 전환이었다. 거북선과 판옥대선이 그 주역을 맡아 새로운 해상 전투 시대를 연 것이다.

전남 여수시 돌산읍 '돌산도(突山島)'의 '돌'은 우리말이 아니다. 섬에 여덟 개의 큰 산이 있다는 뜻에서 산(山) 자와 팔(八) 자, 대(大) 자와 유사한 모양새의 한자어를 택해 생겨난 묘한 이름이다. 탱크를 만드는 섬을 가령, 탱크와 닮은 한자 모양인 '설(卨) 섬'이라고 부르는 식이다.

방답진은 임진란 당시 이순신과 동명이인인 '이순신(李純信)'이 첨사로 다스렸고, 이순신은 '이순신'을 후에 삼도 통제사 재목이라고 거론한다. 같은 이름이라서 애정을 가졌다고 의심할 수 있지만, 임진란 내내 방답 첨사가 세운 전공을 보면 이론의 여지가 없는 평가다. 그는 임진년 정월에 부임했고 부임 직후, 근무에 태만한 다른 장수와 군관들이 이순신에게 곤장을 맞는 장면을 목격한다. 아마 처음부터 상관 이순신에 대한 경외심으로 군기가 바짝 들었을 것이다.

방답진성터에 지금도 남아 있는 작은 굴강은 S자형 둔덕에 둘러싸여 먼바다에서는 보이지 않는다. 또 파도조차 없어 선박을 건조하기에는 최상의 입지로, 지금도 풍랑이 거세면 어선들은 이곳을 찾아 휴식한다. 바로 '그때 이곳', 임진란 당시 최선봉에 섰던 거북선이 건조되어 여수 본영의 앞바다로 출항해서 진수식을 마친 뒤 계선주에 묶여 흔들리는 등판의 가시에서 햇살을 윤슬 위에 번쩍번쩍 쏘아대고 있었다.

방답진성은 둘레 664m, 높이 3.9m의 마름모형 석성으로 성의 몸체에 구멍을 내어 공격과 방어 기능을 동시에 수행하며 동헌과, 객사, 군관청 등을 두루 갖추고 있었다. 객사는 아쉽게도 화재로 사라졌다. 돌산 우체국이 그 터 위에 세운 건물이다. 손님이 머물다 떠난 장소에 우체국을 세웠으니, 그 땅은 여전히 나그네를 잠시 맡아 떠나보내는 장소다. 인근 제일 장로교회가 서문터이고 지금의 남문슈퍼가 남문이 자리했던 곳이다. 인근에 남문 빵집, 남문 식당들이 있는데 돌산도에 오기 전, 돌산 갓김치를 곁들인 백반에 욕심을 낸 탓에 남문 슈퍼에서는 물 하나를 사서 갈증을 풀었다. 갓김치는 돌산갓을 최고로 친다. 토질이 좋아서 줄기와 잎이 크게 자라고 해양성 기후 덕분에 섬유질이 적어서 식감이 부드럽다. 줄기가 아삭아삭하고 톡 쏘는 매운맛에 갓 향까지, 그리고 푸른 갓과 붉은 양념의 조화는 시각을 통해 미각을 자극한다. 늘 기대를 만족시켜주는 여수의 명품 찬거리이다.

동헌과 군관청이 보존된 돌산도 방답진은 군사 훈련장이었던 연무장 터, 활터

방답진 굴강은 거북선이 건조되어 진수된 곳이다.

를 비롯한 성곽 흔적도 군데군데 남아 있다. 임진년 2월 전라좌수사 이순신이 이곳을 순찰했던 만큼 '이순신' 두 분의 자취와 애정이 서린 곳이다. 이순신은 당시 돌산도의 또 다른 가능성을 엿보았고 임진란이 발발하자 이 구상을 곧바로 실천에 옮긴다.

임진란이 터진 4월, 백성은 전란과 보릿고개를 동시에 넘어야 했다. 나무껍질과 풀뿌리로 연명하는 가뜩이나 굶주린 시기에 전란이 터진 것이다. 갑오년(1594) 난중일기와 사료에 따르면 백성들은 매일 생과 사를 오가면서 이승과 저승을 구분할 수 없었고, 결국 인륜마저 저버리는 극단적인 궁지로 내몰린다. 보릿고개, 이른바 춘궁기(春窮期). 지난해 가을 수확한 양식이 바닥을 드러내고 보리는 아직 여물지 않아 수확만 고대하는 4월부터 서서히 절정을 이룬다. 더 가난한 백성들은 1월이 지나기도 전에 기나긴 삶과 죽음의 고개에 접어든다. 가을철 수확해 본들 소작료와 세금, 그리고 지난해 빌린 곡물을 갚고 나면 광속은 여전히 비어 있다. 조선 백성이 가장 넘기 힘들다는 죽음의 고갯길은 봄볕을 타고 찾아온다. 풀뿌리와 나무껍질, 아직 새순도 돋아나지 않은 야산의 나물을 닥치는 대로 집어삼킨다. 해안가는 그래도 사정이 나은 편, 내륙에는 질병에 시달리고 얼굴이 누렇게 뜬 유랑민들이 한술 밥을 구걸하며 남의 집 대문을 기웃거린다. 이것이 평상시 조선 봄날의 풍경, 여기에 전란이 겹친다.

갑오년 통제영에도 마침내 충격적인 소식이 전해진다. 당항포 주변의 적선 동향을 보고하러 온 고성 현령이 "백성이 굶어서 서로 잡아 먹는다."고 토로한 것. 중국의 옛 기록에는 전란에 시달리던 백성들이 차마 자신의 아이를 잡아먹지 못하고 서로 자식을 바꾸어 삶은 이야기가 전해진다. 이것이 조선의 현실이 되면서 이미 조정에서도 사헌부가 문제 삼고 있었다.

도성에는 쌓여있는 시신을 치울 인력이 부족해 중들을 동원하고 있으며 기근에 시달린 사람들이 하나둘 인육을 먹기 시작하자 이제는 길가에 완전히 살점이 붙은 시체가 없을 지경이라는 참혹한 전갈이었다. 더구나 어떤 사람들은 산 사람을 죽여 그 자리에서 내장과 골수까지 먹어도 조정은 속수무책이라는 것이다. 최근에야 선조의 명에 따라 포도대장이 단속에 나섰지만 굶주린 백성이 도처에 넘치다 보니 막을 재간이 없으며 해가 지면 도성에서는 홀로 다니는 사람을 찾아볼 수 없어 괴기스럽다는 섬뜩한 설명이었다.

"앞으로 어떻게 살 수 있는가, 어찌하면 살 수 있는가."

군인과 농부, 어부와 소금 굽는 염한(鹽漢)의 역할을 모두 오가며 통제영 살림살이를 어렵사리 꾸려온 통제사가 난중일기에 토로한 내면의 아픔이었다. 통제사는 현실의 아픔을 공감하는 데는 감성적이었고, 해법을 모색하는 과정에서는 이

성적이었다. 이러한 통제사 기질 덕분에 돌산도에 지금의 마을 '둔전리(屯田理)'가 태동한 것이다. 둔전은 군사 용지에 군사나 백성이 농사를 지어 그 수확물을 서로 나누는 논과 밭이다. 돌산도의 둔전 개척은 통제사가 1587년 함경도에서 종4품인 조산보만호로 녹둔도 둔전관을 겸한 경험이 작용했다. 험악한 산악에서 경작할 논밭이 적었던 시기에 둔전 운영은, 백성과 군부대가 공정한 거래만 할 수 있다면 시장 논리에 기반한 자율적인 임대차 거래에 해당 되었다. 백성은 군부대의 부지를 얻고 군부대는 그들의 자발적인 노동을 통해 군량을 확보하기 때문이다.

전란이 터지면서 백성들은 왜군이 미치지 못하는 전라도 해역으로 물밀듯이 피란했다. 통제사에게 이 백성들은 '양날의 검'과 같은 이중성을 지녔다. 뭉치면 전란을 함께 헤쳐가는 동지지만, 돌아서면 적이자 폭도가 된 것이다. 난중일기 곳곳에 화적으로 변한 백성 이야기가 등장한다. 동지와 적을 구분하기 어려운 전란의 시기, 통제사는 이들에서 숨통을 틔워 우군으로 끌어들이는데 군사 작전보다 더 많은 신경을 기울였다. 그 대표적인 장소가 돌산도이다. 이 노력이 돌산도를 수군과 백성의 젖줄로 변모시켰고, 이후 한산도, 고하도, 거금도로 연결되면서 백성과 수군이 협력해 전란을 이겨나갈 수 있는 농토가 급속히 확장되었다. 통제사는 토지를 관리하는 둔전관이나 감목관 등 관리의 비리나 횡포가 드러나면 중앙에 곧바로 상소를 올려 처벌과 교체를 요구했다. 또 둔전을 풍년으로 이끈 관리들에게는 칭찬을 아끼지 않았다. 모두 백성과 군대를 먹여 살리기 위한 노력이었다.

돌산천은 여수시 돌산읍 둔전리에서 S자 형태로 북쪽 방향의 둔천 평야를 흐르다 평사리 무술목 해안에서 바다로 나간다. 굽이굽이 흐르는 하천가에 서서 무르익는 곡식을 바라보면서 동일한 공간에서 시간이 달라 갓김치에 백반을 포식할 수 있는 현실에 안도한다. 갓김치는 어찌 보면 둔전민의 삶을 닮았다. 질기고 억세며 톡 쏘는 강하고 매운맛 속에는, 발효되어도 오랫동안 간직되는 갓 향의 짙은

돌산 갓김치, 여수의 명품 찬거리이다.

생명력이 담겨있다. 특히 지난 가을 파종해서 겨울을 나고 이듬해 3월 수확한 돌산갓을 최고 상품으로 친다. 마치 시련을 이겨낸 인동초를 연상시킨다.

이순신은 당시 백성의 고통을 보면서 "마음은 죽고 형태만 남았다."면서 상소를 올려 둔전의 기반을 다지고 피란민의 정착을 시도한다. 경상도 지역에서 몰려든 피란민 200여 호에 임시거처와 구호물자를 지원, 가까스로 겨울을 넘기도록 도우면서 이들에게 정착지를 제공해 대대적인 둔전 확장의 초석을 놓는다. 둔전에는 하급 관료의 횡포가 잦았지만 이를 가차 없이 처벌, 공정한 보상에 대한 신뢰를 쌓았다. 봄기운 무르익는 계사년 초, 농민들과 봄갈이를 마친 좌수사는 저녁 무렵 상소문을 지어 "의지할 데 없는 백성들로 하여금 농사를 짓게 한다고 해서 어떤 해로움이 있겠느냐."는 장계를 작성한다. "말을 키우며 또한 백성도 구한다는 목마구민(牧馬救民)의 생각을 감히 망령되게 했다."면서 이들의 정착을 기정사실화하고 있었다. 당시 이 땅들은 군부대와 궁중의 말을 기르는 땅, '군사 그린벨트'였기 때문이다.

한 언론보도에 따르면 지난 2월 대보름 여수시 돌산 둔전리 봉수마을에서는 달집태우기와 마당굿 등 정월 대보름 행사가 열렸다. 봉화산과 와룡천 사이에 터를 잡고 이순신의 보호를 받으며 조선 수군에게 군량미를 제공한 이들의 후손들이

둔전리 둔전평야의 젖줄인 돌산천과 둔전마을

1984년 준공된 돌산대교는 여수시와 돌산읍을 연결, 임진란 당시에는 피란민이 둔전을 일궈 군량미를 조달하던 돌산도를 순식간에 관광명소로 부각시켰다.

다. 소원을 적어 달아 놓은 달집을 태우면서 행사는 절정에 이른다.

"쿤 쿤 문 여소."

어떤 소원의 문을 열어 달라고 했을까. 사람에게는 저마다 열고 싶은 문이 있고, 그 문은 시대나 상황에 따라 달라진다. 다만 임진년 당시 백성들의 소망은 한결같이 단순했을 것이다.

"죽지 않을 만큼만 먹을 수 있도록 해 주십시오."

전남 고흥군 도양읍 득량도(得糧島)는 통제사가 이 섬에서 군량을 얻어 생긴 이름이라고 한다. 예능 프로그램 '삼시 세끼' 어촌편 촬영지로도 잘 알려져 있다. 난

중일기에는 통제사가 도양읍 일대의 둔전에서 두 차례에 걸쳐 벼 300석과 820석을 받았다고 기록한다. 이 때문에 득량도 주민들은 장흥부 목장과 함께 도양읍 둔전에 소속되어, 전란 당시 둔전을 일구었을 것으로 추정된다.

어떤 전쟁도 물자 없이는 승리할 수 없다. 통제사가 일군 화려한 승리의 이면에는 남해안의 섬과 육지, 그리고 바다를 그물처럼 군수기지로 엮어 이들의 생계를 보장하면서도 전투에 필요한 물자를 조달하는 치밀하고 효율적인 '군수기지 경영'이 뒤따랐다. 통제사가 죄인이 되어 한양으로 압송될 때 길거리에 쏟아져 나온 둔전민들의 울음은, 자신들을 공정하게 대했던 통제사를 향한 애통함과 그가 떠난 이후 무너져 내릴 자신들의 삶을 향한 한탄이었다.

5

영도(影島)

일본의 그림자를 끊어버린 잡초같은 섬

5. 영도(影島)
- 일본의 그림자를 끊어버린 잡초같은 섬

난중일기와 징비록에 모두 절영도(絶影島)로 기록된다. 고려 이전부터 목장이 있었고, 이곳에서 자란 말들이 워낙 빨라, 자신의 그림자(影)를 끊고(絶) 달릴 정도여서 섬의 이름이 유래되었다는 것이다. 물리학적으로 보면, 말이 달리는 속도가 광속을 넘나드는 셈이다. 이후 간략히 영도로 불리는데 섬의 그림자가 빼어나 그렇게 자리매김했다고 볼 수 있다. 그런데 영도의 애환을 조금 더 깊이 들여다보면 '일본의 그림자를 끊어낸 섬'이라는 의미를 부여하고 싶은 마음이다. 임진란과 일제 강점기를 거치면서, 숱한 애환과 고통을 겪었지만 결국 이를 견뎌내고 잡초처럼 살아남았기 때문이다.

징비록에 따르면 임진년(1592) 4월 13일 오후, 부산 절영도에서 사냥을 겸해 군사훈련을 하던 부산진 첨사 정발(鄭撥)은 좀처럼 믿기 힘든 보고에 경악한다. 그리고 상상도 하지 못한 광경이 첨사 정발과 군관, 병사들의 눈앞에 목격된다. 부산 앞바다를 새카맣게 뒤덮은 왜선은 그 수효를 헤아릴 수 있는 수준이 아니었다. 전투선과 대장선, 보급선이 수십 척 단위로 묶여 질서 정연한 편제를 갖추고, 부산진을 향해 밀물처럼 달려들며, 시시각각 확대되었기 때문이다. 정발이 급히 군사를 거두어 부산진에서 전투 채비를 갖춘다. 무르익은 봄볕 속에 갓 피어오른 해당화가 달리는 말발굽이 뿜어내는 흙먼지를 자욱하게 덮어썼다.

전란 발발 초기, 영도는 왜군에게 넘어가 이후 오랫동안 시마즈군의 주둔지로 활용된다. 사쓰마번(薩摩藩·살마번)의 시마즈 요시히로(島津義弘·도진의홍)가 지휘하는 살마군은 칠천량 해전 등에 참전, 조선 수군과 오랜 악연을 맺었으며 노량해전에서 대부분 수장된다. 이들 주둔지는 현재 대평동 폐선 계류장 자리로 추정된다. 본래 이곳은 낚싯바늘처럼 육지에 이어질 듯 끊어질 듯 둘러싸인 모양으로, 영도와는 썰물 때만 연결되어 과거 영도전차를 타고 내려서 맞은편 '대풍포'에 가려면 나무다리를 건너야 했다. 영도와 포구에 둘러싸인 땅이 풍랑에서 배를 보호하는 안전지대의 역할을 한 것이다. 이후 일제강점기 일본이 현재 대평동 대교맨션 부근을 모두 매립해서 포구와 영도가 튼튼한 갈고리처럼 변했다. 대교맨션 일대가 바다라고 상상하면 보다 구체적인 상상이 가능한데, 대평동의 옛 지도에 '살마굴'로 표기되어 있다. 임진란 당시부터 영도와 일본의 인연이 시작된 것이다.

영도에 주둔한 왜선은 이순신의 수군을 임진년 9월 1일 처음 목격한다. 부산포 해전을 앞둔 전라좌수사 이순신은 절영도에 정박한 왜대선 2척을 불사르고 본격적인 해전의 서막을 알린다. 왜 수군의 저항은 없었다. 이미 해전을 포기한 상태였다. 총통 소리에 이어 날아간 회색빛의 철환이 하갑판에서 거친 파괴음을 울린 뒤 화약을 매단 불화살이 잇따라 갑판에 꽂히면서 살마굴의 왜선을 불태웠다. 이후 조선함대는 왜군의 본진, 부산포로 향하게 된다. 사료에 따르면 부산포 해전은 왜 수군의 본진을 조선 수군이 일방적으로 유린하는 양상으로 전개되었다.

절영도를 돌아서면 왜의 본거지 부산, 수도 없는 치열한 전투를 거치면서 동진해 온 조선함대 최후의 목적지, 곧 척후선의 보고가 올라온다. 500여 척이 동쪽 산기슭에 줄지어 정박해 있다는 것. 그리고 초량목에 전초부대로 보이는 왜대

노후된 폐선을 해체하는 대평동 폐선 계류장이 지금도 살마굴로 불리는 것으로 미뤄 임진란 당시 시마즈군이 주둔했던 장소로 추정된다.

선 4척이 있다고 알린다. 대장선에서 지체함 없이 독전기가 오른다. 왜대선 4척을 향해 선봉을 맡은 거북선과 전위함대가 밀어닥치고 총통 소리를 시작으로 화살과 불화살, 편전이 날아갔다. 순식간에 반파된 함선에서 왜병들이 쏟아져 나온다. 모두 뭍으로 헤엄쳐 도망가기 바쁘다. 대장선에서 첫 승전기가 솟아오른다. 병사들의 함성이 초량목에 울려 퍼지고 본격적인 전투를 예비한다. 거북선과 판옥선이 거대한 바다뱀처럼 일렬로 이어져 서서히 부산포를 에워싼다.

조선 수군 앞에 펼쳐진 왜 수군 본진의 군세는 상상을 넘어서 있었다. 왜군은 부산성 동쪽 산에서 2km 정도 떨어진 언덕 아래에 대, 중, 소선 470척을 가지런히 정박해 놓고 있었다. 부산포구 앞바다를 왜선이 뒤덮고 있는 형세였다. 하지만 해상 전투는 이미 포기하고 있었다. 산과 언덕에는 서로 다른 깃발로 질서 정연하게 구분된 여섯 부대가 포진한 채, 최전방에 화포를 배치했다. 산기슭에는 계단이 달린 회색 칠을 해 놓은 왜풍의 주택 수백 채가 마치 절간처럼 줄지어 세워져 이곳이 조선 땅인지, 왜국인지를 분간하기 어려웠다. 그만큼 많은 조선의 백성들이 삶의 터전을 빼앗기고 목숨을 잃었을 것이다.

조선 수군이 먼저 함포사격을 가하면서 부산포 앞바다의 침묵이 깨진다. 왜군이 응수하자 육지와 바다가 포성으로 뒤덮인다. 높은 언덕에 설치되어 사거리가 확보된 왜군 화포는 조선함대에 모과만한 철환과 사발덩이 같은 수마석을 떨어뜨렸다.

함대가 처음으로 적의 화포 앞에 고스란히 노출된 것이다. 하지만 그 위력은 총통에 미치지 못해 판옥선을 깨뜨리거나 관통하지는 못하는 수준, 조선함대가 맞대응하면서 대장군전과 철환은 포구의 왜선을 향해 날아들었다. 왜선 100여 척이 무차별 포화 속에 기울거나 불타면서 정박한 왜선의 질서가 무너져 내린다.

함대는 포위망을 좁혀가면서 깨어진 왜선과 언덕의 진지를 향해 불화살과 화살을 숨 가쁘게 쏟아낸다. 이번에는 왜군의 조총 철환이 함대로 쏟아진다. 왜 진영에서 화살과 편전도 부단히 조선함대로 날아들었다. 이 방향에는 예외 없이 조선인 복장의 사수가 서 있다. 이들은 포로가 되어 왜군 진영에서 조선 함선을 향해 활을 겨눌 수밖에 없는 처지일 것이다. 서로의 화살이 목표물을 빗나가도 조선인 사수들은 마음의 상처만은 고스란히 주고받을 수밖에 없다. 우부장 만호 정운이 녹도 함대를 이끌고 포구의 기슭까지 달려들었고 왜군의 조총과 총포, 화살이 녹도군의 대장선에 소나기처럼 집중된다. 조선 수군의 함대에서도 숙련된 사수들이 동시에 발사한 곡사된 화살이 포물선을 그리며 왜군 진영을 그물처럼 내리덮는다. 치열한 교전, 좌수사가 지휘하는 대장선에 철환이 날아들며 격군 절

노비 장개세가 고꾸라진다. 사수 어부 금동이 어깨를 부여잡고 제자리에 주저앉는다. 철환에 희생된 사도선 군관과 방답선 노비 주위가 피로 물들면서 사수들의 분노가 거세진다.

왜군은 화살에 맞은 사상자를 토굴로 옮기고 곧 그 자리를 다른 병사로 채워 넣는다. 육지에서 날아오는 대형 철환의 포격이 최전방의 녹도 대장선에 집중된다. 그리고 회색빛 철환이 석양을 가르며 사령탑인 장루를 깨뜨리고 한동안 연기에 덮인다. 연기가 걷힌 뒤 활을 쏘며 독전하던 만호 정운의 모습이 사라졌다. 이어지는 다급한 고함 소리, 녹도군의 다른 함선들이 함포와 화살을 미친 듯 포구에 퍼붓는다.

교전은 날이 저물 때까지 계속되었다. 조선함대는 왜군과 왜선을 제물로 삼았고 왜군은 조선함대에 벌집 같은 상처를 입히고 있었다. 왜군은 이날 내내 조선 수군의 상륙을, 조선 수군은 왜선의 출항을 서로 염원했을 것이다. 하지만 어느 쪽의 바람도 실현되지는 않았다. 해상 전투가 서서히 교착 상태에 빠질 조짐을 보이고 있었다. 마침내 대장선에서 퇴각기가 오른다. 격군들이 빠르게 제자리를 잡으면서 후미의 함선부터 부산포 앞바다를 서서히 빠져나간다. 깨어진 왜선은 100여 척, 상처 입어 선소에서 수리받아야 할 조선함대도 적지 않았지만 단 한 척도 침몰하지 않았다. 적의 화포가 아직 함대를 무너뜨릴 만큼의 파괴력을 갖추지 못한 것이다. 적의 전사자는 알 수 없었다. 모든 병사가 사력을 다해 분전한 만큼 그 결과에 그리 연연할 이유도 없다. 사수의 손가락에는 핏물이 돌고 포수는 검은 재를 뒤집어쓰고 있었다. 조선 수군은 이날 만호 정운을 비롯해 모두 6명의 병사를 잃었다. 부상자는 25명. 함대는 저녁 무렵 가덕도에 도착, 밤을 지새운 뒤 2일 본영에 귀환한다.

영도의 남단 1.8km 지점에 자리한 조도(朝島)는 아치섬이라고도 불린다. 과거 문헌에 따르면 본래 동백섬이라고 했지만, 부산포 해전 당시 왜군의 기치를 눕혀서 와치(臥幟)로 변한 뒤 모음이 단순화되면서 아치섬으로 일컬었다는 유래를 지니고 있다. 이어 절영도에서 바라보면 햇살이 돋아나는 동녘에 자리해 '아침을 알리는 섬'으로 굳어졌고, 지금은 한국해양대가 자리 잡고 있다. 부산포와 그 일대를 점령했던 왜군의 기치를 꺾고 함대를 박살 내는 조선 수군의 포격을 상상하며, 시원한 해양대 남북 둘레길을 둘러보는 재미가 있다. 부산포 해전을 생생히 목격했을 조도에 해양 인재를 길러내는 산실이 우뚝 세워진 것이다.

이순신은 왜 수군 본진인 부산포를 함락하기 위해 부단한 노력을 기울였다. 그리고 절영도에서 해전을 치르던 중, 정유재란을 앞두고 한양으로 압송된다.

영도의 아픔은 일제 강점기에 재현된다. 영도에 가면, 평화로운 해안 풍경보다는 치열한 생존 현장의 냄새가 바다 내음보다 강하게 물씬 와 닿는다. 마치 전기, 전자, 기계 설비를 쌓아 놓고 산업화의 한 축을 담당했던 서울 종로의 옛 세운상가를 연상시킨다. 일제 강점기 영도에 터를 잡은 민초들은 노역에 동원되어 배를 고치는 노동자로서 삶을 살게 되었다. 영도의 '깡깡이 예술마을 거리박물관'은 실상은 생존을 위해 망치를 두드리는 지난한 역사 여정을 보여준다. 그 망치를 혹독하게 부린 사람들은 모두 일본인 자본가였고 그들이 두드린 망치는 대부분 일본인 배를 향했다. 하지만 영도 사람들은 그 망치의 주인이 조선이라는 사실을 잊지 않았고 결국 해방 후까지 살아남아 영도를 한국 조선 산업의 발상지로 재탄생시킨 것이다. 대평동 깡깡이 마을 거리에는 이러한 영도의 역사가 압축되어 있다. 1887년 고베 출신 일본인 조선 사업가인 '다나카 와카지로(田中若次郎)'는 자갈치 해안에서 목선 제조업으로 출발, 1912년 현재 영도 대평초등학교에 목선을 만드는 '다나카 조선소'를 설립한 뒤, 대풍포 일대가 매립되자 자리를 옮겨 증기가 아

대평동 '깡깡이 예술마을 거리박물관'은 한국 조선업을 뒷받침해온 영도의 오랜 역사를 고스란히 간직하고 있다.

판자촌 언덕길로 이어지는 40계단에는 모진 세월을 살아온 사람들이 애환이 묻어 있다.

깡깡이 마을에서 바라본 영도다리

부산 남포동 일대 야시장의 정겨운 풍경

닌 엔진으로 동력을 얻는 선박을 최초로 개발하고 보급했다. 해방 이후 일본인 소형 조선업체는 3~4개 단위로 묶여 한국인에게 불하되어 한국 조선의 원천 기술을 확보하는 기반이 된다. 해방 이후 6·25 전쟁이 터지자 영도는 다시 대책 없는 피란민들이 몰려 하루 생존을 걱정하는 장소로 변모한다.

깡깡이 마을에서 대평로를 타고 영도다리를 건너 남포동을 왼편에 두고, 중앙동에서 동광동의 판자촌 언덕길로 이어지는 삶의 길목, 40계단을 잠시 둘러보았다. 무심한 세월이 다리와 계단을 할퀴며 남긴, 고단한 삶의 여정을 느끼고 싶었기 때문이다.

지난 10월 부산항에 정박해 있던 미 핵추진 항모 로널드레이건호 너머로 태종산과 조도가 보인다.

"일가친척 없는 몸이 지금은 무엇을 하나,
이 내 몸은 국제시장 장사치란다.
금순아 보고 싶구나,
고향 꿈도 그리워진다.
영도다리 난간 위에 초생달만 외로이 떳다."

한때 영도다리 위에 '잠깐만'이라는 자살 방지 표지판이 붙어 있었다는 말과, '굳세어라 금순아'의 노래 가사가 겹친다. 조선시대나 일제 강점기, 그리고 해방 후에도 수많은 '금순이와 금순이의 연인'들은 이곳에서 고단한 삶을 견뎠을 것이다. 다시 돌아온 남포동 일대와 국제시장에는 먹거리가 넘쳐난다. 비빔 회국수가 이 일대 대중 음식이라는 소문을 듣고 제법 오래된 식당을 찾았다. 신선한 회와 고추장이 톡 쏘아대는 맛이 얼얼해 이곳 사람들의 삶을 닮지 않았나 하는 생각이 들 정도다. 따뜻한 육수로 매운 기운을 겨우 달랜다.

해안가 돌 틈에서 힘겹게 자란 어린 민들레에게 영도다리는 '삶은 달거나 쓰거나 어쨌거나 그럭저럭 매운맛을 달래며 무조건 살아가야 하는 숙명'이라고 속삭인다. 자신도 불완전한 다리로 태어나 반백 년 동안 하루에 한 번씩 끊어져 허공에 매달리면서도 아직 무너지지 않고 있다고 되뇐다. 그러면서 다리 밑에 무수한 노숙자도 품어 왔다는 것이다.

부산시 남구 용호동 '오륙도 스카이워크' 진입로 직전의 파란색 육교에 서면 착시를 일으키는 오륙도를, 스카이워크에서는 해운대와 영도, 조도의 모습을 모두 볼 수 있다. 때마침 군사훈련을 마친 미국 핵추진 항공모함 로널드레이건호가 정박해 있다. 임진년 4월 부산포를 가득 메웠던 왜선은 무술년 노량해전과 동시에 썰물처럼 사라졌다. 단 한 척의 왜선이라도 그대로 내보내면 전란은 끝난 것이 아니라는 신념을 가졌던 통제사는 이들을 모두 조선 바다에 수장시키는데 목숨을 걸었다.

거제도의 왜성과
견내량의 해간도(海艮島)

조선과 일본 수군의 공동경비지역

6. 거제도의 왜성과 견내량의 해간도(海艮島)
  - 조선과 일본 수군의 공동경비지역

견내량, 경남 거제시 사동면 덕호리와 통영시 용남면 장평리를 사이에 두고 굴곡진 해안에 따라 180~400m가량 떨어져 흐르는 좁은 해협으로 길이는 3km 정도다. 거제도와 가장 가까운 마을은 통영시 용남면 연기어촌마을로, 연기 돌미역이 특산품이다. 마을 입구에 마을을 소개한 입간판에 따르면 견내량은 수심이 낮아 물속까지 햇볕 투과량이 많은데다 수온이 따뜻하고 유속이 빠르면서, 수질이 항상 청정해 이곳에서 자생하는 돌미역은 씹히는 촉감과 맛이 가히 일품이라는 것. 예로부터 임금님 수라상에 진상하던 미역으로 알려졌다. 5월 초부터 보름여 동안 지속되는 돌미역 채취도 '트리대'를 이용하는 전통 방식을 따른다. 트리는 손잡이, 몸대, 십자로 이루어진 8m가량의 왕대나무 장대. 몸대에 50~60㎝ 손잡이를 직각으로 달고 끝부분 70㎝ 정도 높이에, 50㎝ 길이의 나무를 열십자의 형태로 끼워 물속에 넣고 손잡이를 돌리면 여기에 미역이 감긴다. 5~6바퀴 정도 돌려 미역이 트리에 제법 묵직하게 감기면 트리를 조류 방향으로 들어 올리는 식이다. '트리' 혹은 '틀잇대'로 불리는 이러한 어업채취 방식이 '국가어업유산 제8호'로 지정되었다. 양식 미역보다 서너 배 비싸지만 없어서 못 팔 정도라는 것이다. 이쯤 되면 사지 않을 수가 없어 600g 한

연기 어촌마을에서 바라본 견내량, 멀리 좁은 해협 사이에 세워진 거제대교가 보인다.

'틀잇대'로 돌미역을 채취하는 방식은 국가주요어업유산 제8호로 지정되었다.

상자를 구매하자 해물이 든 시원한 미역국이 연상된다.

미역은 난중일기에 종종 등장하는 조선 수군의 찬거리이다. 통제사 이순신은 한산진에서 청어를 잡거나 미역을 채취하는 등 수군 먹거리에 부단한 관심을 기울였다. 또 그때마다 수량을 정확하게 기록하고 있어, 이것을 어떻게 병영에서 나눌지 요량하는 것으로 보인다. 통제사는 을미년(1595) 4월, 미역 99동(한 동은 마른 미역 10묶음)을 말린다고 기록했다. 견내량의 돌미역은 갑오년(1594) 3월 일기에 등장한다. "견내량 미역 53동을 장수들이 가지고 왔다."는 것이다.

이 시기 전황은 이른바 교착 상태다. 조명연합군이 한양성을 수복하고 지루한 평화 협상이 계속되는 가운데 통제사는 견내량을 부단히 오가며 잔뜩 웅크리고 있는 왜 수군의 포구를 비롯해 왜성에 함포사격을 퍼붓고 회항하고는 했다. 견내량 북단의 장문포와 송미포, 그리고 거제 북단의 영등포 등지에 성을 구축한 왜

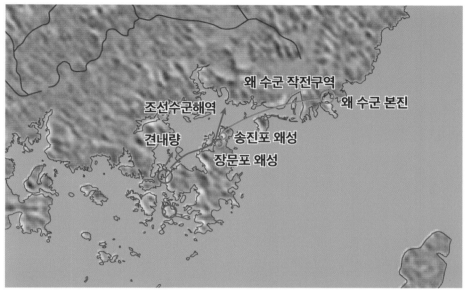

견내량을 사이에 두고 조선 수군과 왜군이 대치했으나 왜군은 사실상 해전은 포기한 상태였다.

군은 조선 함대가 나타나면 일제히 성문을 걸어 닫고 어떠한 대응도 하지 않았다. 견내량 이남은 조선 수군이 사실상 점령하고 있어 견내량을 두고 일종의 공동경비 구역이 형성되었지만, 해역은 철저하게 이순신의 작전 구역이었다. 전란 막바지인 정유년, 칠천량 해전에서 승리한 왜군은 한산도를 점령하고 이때 비로소 견내량에 왜성을 축조한다. 견내량 점령이라는 오랜 염원을 가까스로 실현한 것이다.

연기마을회관에서 해안가 연기길을 따라 해간교를 건너면 견내량을 한 가운데 서 서서 조망할 수 있는 해간도에 갈 수 있다. 호젓하면서 아늑한 섬 길과 견내량 위를 생선 등처럼 굽이치는 다리에 오르면 통영과 거제의 바다가 펼쳐지고, 푸른 바닷물이 투명한 호수보다 더 맑을 수 있다는 사실을 깨닫게 된다. 조용한 바닷가 에서 전쟁 같은 삶을 잠시 잊을 수 있는 한가로움에 빠져드는 시골 어촌이다. 하

연기마을에서 해간교를 건너 해간도에 가면, 거제도가 손에 잡힐 듯 다가온다.

지만 임진란 내내 견내량은 조선과 왜 수군이 사활을 걸고 치열하게 '해협전'을 벌인 군사 요충지였고, 한산도 통제영 시절에는 조선 수군이 왜군을 압도했다.

계사년(1593) 7월 한산도에 통제영을 설치한 통제사는 견내량을 왜 수군의 서진을 틀어막는 '병마개'로 활용했다. 왜군은 거제 북단에 왜성을 쌓아 놓았지만, 제해권을 모두 조선 수군에게 내주고 육상의 장악력도 미비한 상태였다는 사실을, 그해 겨울 통제사가 장계에서 극찬한 세 명의 조선 여인이 여실히 증명한다.

겨울 기운이 매서워진 3일 한산도 수군 진영에 놀라운 무용담이 퍼진다. 조개를 캐던 거제의 양인 여성이 힘을 합쳐 왜군의 정탐병을 사로잡은 것. 이날 사로잡힌 망곳지는 지난 2월 추가 병력으로 웅천에 파견된 25세의 젊은 왜병, 망곳지 부대는 거제의 북단 능선에 성을 쌓고 주둔하고 있었다. 이날 망곳지는 숲속과 연안 일대에 대한 정탐 활동 중 길을 잃고 헤매던 중 조개를 캐던 세금, 금대, 덕지 등 3명의 여성을 발견했다. 그는 칼도 빼 들지 않고 여인들에게 성큼성큼 다가와 알 수 없는 소리를 지르며 위협했다. 한 끼의 식사를 바닷가에서 해결할 수밖에 없는 가난한 조선의 여인들, 도망치기보다는 목숨을 내걸었다. 잠시 눈빛을 주고받은 뒤 누가 먼저라고 할 것도 없이 동시에 달려들어 망곳지를 부여잡고 고함을 내질렀다. 주변에 다른 왜병이 있었다면 모두 죽음을 면치 못했을 것이다. 하지만 척후에 나선 나대용 군선이 이 소리를 먼저 들었다. 쏜살같이 내달린 척후선에서 수군들이 앞다투어 내리고 결국 망곳지는 포박된 것이다. 왜군이 주둔하게 되면서 집과 가족을 잃고 떠돌아다니는 피란 여인들이었다. 남편과 자식을 잃은 깊은 한과 절망이 왜병에게 미친 듯 달려들게 하는 분노로 변했을 것이다. 통제사는 장계를 올려 "남자들도 왜군의 소문만 듣고 도망가는데 여인의 몸으로 장하다."면서 "임금이 친히 곡식을 포상으로 내려달라."고 청했다. 사로잡힌 젊은

옛 흔적이 제법 남아있는 장문포왜성은 전형적인 일본식 축성법을 보여준다.

통제사는 임진란 당시 거제도에 상륙, 장목진 객사에서 작전회의를 열었다.

왜병은 도원수 권율에게 압송되었다. 한동안 한산진은 이 여인들에 관한 이야기로 들끓었다. 용감한 조선 여인을 향한 칭송에는, 남편과 아비 없이 살아가는 아내와 딸에게 힘겨운 처지를 견뎌달라는 절실한 염원이 담겨있을 것이다.

둥지에 틀어박힌 왜 수군을 끌어내기 위해 조선 수군은 육군과의 연합작전을 수립한다. 갑오년(1594) 9월 말부터 10월 초순까지 '장문포 해전'이 전개되는 것이다. 장문포 왜성은 거제에 있던 네 왜성 중 그 흔적이 가장 많이 남은 곳이다. 거가대교를 건너 장목항을 거쳐 10여 분 남짓한 거리인 장목마을을 지난 직후 군항포길에서 이정표에 따라 비포장도로에 접어들면, 도로가 끝나는 곳에 자동차 서너 대 주차 공간이 보이고 낮은 석벽과 팻말이 서 있다. 경남 문화재 자료 제273호지만 찾는 이가 별반 없어 홀로 숲길 여행이 가능한 거제의 역사 유적이다. 작은 둔덕을 조금 오르면 제법 성벽 형태를 갖춘 왜성 흔적이 보이며, 여기에서 조금 더 오르면 시야가 탁 트이며 바다가 조망된다. 왜성은 큰 돌을 깨서 기틀을 다지고 성돌 사이에 잔돌을 끼워 넣는 방식으로 축조되며, 성돌의 긴 면과 짧은 면을 맞물리게 하여 성벽의 모서리를 맞춘다. 그리고 우리와 달리 60~70°정도 경사진 성벽을 쌓고 조총수 등을 배치해 성벽 진입을 차단토록 했다. 목책을 둘러친 성안에는 누각이나 군기창, 병사(兵舍)가 마련된다.

송진포 왜성은 장문포 맞은편에 쌓았다. 두 왜성이 장목만을 지키는 파수꾼인 셈이다. 송진포 왜성은 장목면 대한궁도협회 거제금무정을 찾으면 쉽게 갈 수 있다. 바다 조망을 위해 가파른 산 정상을 깎아 마치 시루를 엎어 놓은 움푹한 형상으로 성을 쌓아서 주민들은 이 왜성을 '시루성'으로 불렀다. 큰 돌을 엇대어 놓은 사이사이, 끼워진 잔돌이 전란을 살아간 백성들의 고통스러운 삶을 보여주는 뚜렷한 역사적 증거물이다. 이 모든 왜성은 실상 포로로 잡힌 조선인들이 쌓은 것이며, 이들은 이후 일본으로 압송되어 노비로 팔려나간다.

　장문포 왜성을 나와 장목항을 가다가 장목마을로 들어서면 조선 수군의 유적을 볼 수 있다. 장목진객사이다. 장문포진의 관아 건물로 이순신이 전란 기간 중 전략회의를 했다는 기록을 볼 수 있다. 정면 4칸과 측면 2칸의 건물로, 거제도가 조선과 왜 수군의 뒤섞인 공동경비지역이라는 사실을 가늠케 한다. 영등포 왜성은 장목면 구영리의 대봉산 정상 인근에 자리한다. 거제 북단으로, 왜 수군에게는 후방지역에 해당한다. 역시 온전한 성곽의 흔적은 찾아보기 어렵다. 견내량 왜성은 일제강점기 사진에서 그 흔적을 찾을 수 있지만 현재는 자취조차 남아있지 않다. 통제사는 거제 북단에서 왜군을 몰아내기 위해 안간힘을 썼지만 결국 성공하지 못했다. 어떠한 해상전투에도 응하지 않았기 때문이다. 장문포해전은 이러한 상황에서 조급해진 조정이 요구한 전투로 전과가 뚜렷하지는 못했다. 그리고 전투에 미온적이었다는 이유로 통제사를 향한 조정의 견제가 시작된다.

　갑오년(1594) 9월 29일 아침, 거제의 북단 장문포에 조선 함대가 모습을 드러냈다. 왜군은 험한 능선에 돌성과 누각을 짓고 해안가에는 견고한 진지를 구축해 놓았다. 선봉 함대가 나타나자 왜선 2척이 무모하게 달려들었지만, 화포에 걸려 한순간에 기울었다. 판옥선이 내달아 옆구리를 들이박으며 배를 깨뜨리는 소리가 사방에 울린다. 이어 불붙인 짚단과 화살이 쏟아지고 2척은 순식간에 가라앉으며 불꽃이 바다에 잠긴다. 뒤따르던 나머지 왜선은 급하게 뱃머리를 해안으로 돌렸다. 기슭에 정박한 왜병들은 아예 배를 포기하고 능선의 진지로 퇴각해 버렸다. 수북이 쌓인 낙엽 사이로 깎아지른 능선과 비슷한 각도로 세워진 왜성이 보이고 희고 붉은 깃발 사이에서 연기와 함께 조총 소리가 드문드문 날카롭게 울린다. 하지만 정작 인근 해안은 왜군이 모두 사라져 적막했다. 통제사는 함포사격을 명령하고 반쯤 누워버린 나머지 빈 배들을 모두 불사른 뒤 포구를 한 바퀴 돌아 칠천량으로 회항한다. 왜군들에게 해전은 여전히 '재앙'이었다.

삼도 연합 수군은 이달 초하루 영등포에 출항했으나 왜군은 아예 항전을 포기했다. 어제와 같은 교착 상태가 이어질 뿐이다. 이날 저녁 어둠이 깔린 장문포 앞바다에 정박하려던 사도 2호선에 정체를 알 수 없는 소선이 만(灣)을 돌아 불쑥 튀어나와 달려들었다. 왜 수군이 전투를 포기했다고 섣불리 단정하고 척후를 게을리했기 때문이다. 불화살이 사도 2호선에 떨어졌다. 왜선은 쏜살같이 도주하고 불은 곧 꺼졌지만 사도 2호선의 군관은 통제사에게 불려 가 엄한 질책을 들어야 했다. 함대는 칠천량으로 회항한다. 어둠이 짙어지면서 만과 만, 연안 곳곳에 대한 해상 경계가 삼엄해지고 병사들은 바짝 긴장한다. 한밤중에 경계를 늦추는 순간 언제라도 왜선이 기습할 수 있다는 사실을 실감한 것이다.

함대는 2일과 3일 장문포로 다시 항진한다. 왜군은 해전은커녕 연안에서조차 아예 응전하지 않는다. 예상과 다르지 않았다. 다음날 본격적인 육군과의 합동 작전이 전개된다. 곽재우와 김덕령이 군사 수백을 선발해서 왜군이 웅크린 능선에 오르기 시작한 것. 해안에서는 함선이 적진에 함포사격을 퍼부었다. 상륙한 육군을 본 왜군들은 서둘러 진지를 빠져나왔다. 그리고 사방으로 산개해서 흩어진다. 함선의 편전과 화살이 왜군 진지를 향하고 조선 육군의 총통 소리가 계곡에 울려 퍼졌지만, 대규모 접전은 이뤄지지 않았다. 왜군이 아예 진지를 버리고 숲속으로 숨어들면서 육군도 더 이상 산에 오를 수 없었다. 능선에 오르면 곳곳에 숨어든 왜군에게 병력이 노출될 수밖에 없다. 소수의 육군 병력만으로 거제 일대의 모든 왜군을 소탕하기란 무리라는 현실이 입증된다. 육군은 본격적인 토벌 작전을 전개하기에는 빈약했고 이를 파악한 왜군들은 일단 도주한 뒤 요소요소에서 재결집하는 유격전을 펼치는 것이다. 이날 칠천량에 정박한 수군에게 선조의 선물이 내려왔다. 2품 이상의 관리에게 보내는 담비의 털가죽, 지난번 질책하는 밀서가 마음에 걸린 모양이다. 함대는 바람이 거세게 일면서 다음날까지 칠천량에 머문다.

6일 새벽, 적막한 장문포 앞바다에 조선 수군의 선봉이 다시 나타난다. 포구 인근의 해안 진지에 웅크렸던 왜군은 깃발을 세워 큼지막한 패문을 달아놓고 산 중턱 능선의 왜성으로 허겁지겁 도주한다. 선봉의 돌격선이 바닷가에 닿자 왜군이 땅에 꽂아 놓은 패문이 보인다.

"명나라와 화친을 의논하고 있으니 서로 싸울 필요가 없다."

장문포 왜성은 아예 쥐 죽은 듯 고요하다. 하지만 왜 수군의 기능이 정지되며 퇴로가 차단된 상황에서 육군을 상륙시키면 죽기 살기로 덤벼들 것이다. 해안 인근에 왜군은 없었지만, 능선의 왜성 근처는 여전히 살기가 가득하다. 바다로 끌어내려는 전략은 사실상 물거품이 된 셈이다. 육지에서의 소탕만이 유일한 해결책, 그러나 현재 조선의 군세로는 무리이다. 적이 만들어 놓은 사지에 육군을 몰아넣을 수는 없다.

이날 오후 칠천도에 정박한 조선 수군에 왜군 1명이 투항해 왔다. "수전에는 일절 응하지 않는다."는 왜군의 지침이 병졸을 통해서도 확인된다. 함대는 흉도로 진을 옮겼다. 겨울의 초입, 말먹이용 띠풀이 널려 있다. 7일과 8일에는 곽재우와 김덕령 등이 띠풀을 베고 있다. 통제사도 거든다. 8일에도 장문포에 함대가 파견되었으나 적들은 아예 보이지도 않는다. 산속 깊이 산개해서 능선의 길목을 막고 결사전을 준비하고 있을 것이다. 통제사와 의병장들은 가끔 웃음을 주고받으며 묵묵히 띠풀 베는 일에만 열중한다. 띠풀 400여 동이 함대에 실리고 이날 저녁 자정에 함대는 한산도로 돌아왔다. 왜군의 대응 방식이 분명하게 확인되었다. 전선이 교착 상태에 빠진 것이다. 이제, 기다려야 한다. 먼저 긴장을 늦추는 자가 희

생양이 될 것이다.

거제도에는 잘 알려진 거제 포로수용소 유적공원이 있다. 각종 전시관과 모노레일, 영상관 등 보고 즐길 거리를 제공하면서 처절한 역사를 통해 집단 속 개인의 삶을 과거와 현재를 잣대 삼아 되짚어 보는 계기를 마련해 준다. 영화 국제시장에서 흥남 부두에서 탈출한 피란민이 처음 도착한 곳도 장승포항이다. 거제도에 도착한 이들이 부산 등지로 나가 닥치는 대로 막일을 하면서 생계를 꾸려간 것이다. 이후 거제도는 조선 산업을 통해 한국 경제 발전을 견인하는 섬이 되었다. 왜성과 포로수용소, 장승포항은 어둠과 밝음, 과거와 현재가 선명하게 대비되며 오늘의 소중함을 일깨운다.

인터넷 등에 소개되거나 제법 알려진 거제도 게장 백반 식당을 들어가면 대부분 과식을 피하기 어렵다. 양념과 간장, 두 종류의 '게장 리필'이 동반되어 늘 밥욕심을 내도록 유도한다. 게장 맛에서 느끼는 '맵고 짜고 때로 나는 감칠맛'은 인생살이를 닮았다. 맵고 짠 가운데 가끔 나는 감칠맛, 이 맛들이 인생의 본질인지도 모른다. 다만 흘러간 인생과 역사에는 '리필'이 없다는 것이 차이 날 뿐이다.

7

떠다니는 수군 사령부(1)

진주 남강의 장례식과
새로운 통제영을 향한 항해길

7. 떠다니는 수군 사령부(1)
- 진주 남강의 장례식과 새로운 통제영을 향한 항해길

임진란 발발 다음 해인 계사년(1593) 6월의 장마는 유난히 길었다고 난중일기는 전한다. 이 기간 중 명나라와 일본은 자국의 이해관계에 따라 조선 분할이라는 엉뚱한 속셈을 품고, 협상에 돌입해 전쟁은 표면상 소강상태로 접어든다. 하지만 조선 수군은 교착 상태에 빠진 전황 속에서 상대에게 일격을 가할 수 있는 전술적 거점을 마련하는 기로에 서 있었다. 바로 2차 진주성 전투가 벌어졌고, 전라도 방어선이 영원히 안전할 수는 없다는 사실을 생생하게 보여줬기 때문이다.

통제사 이순신은 5월 7일 잔뜩 찌푸린 날씨 속에서 배에 올라 동풍이 밀어내는 산더미 같은 파도를 헤치고 남해 미조리 미조항에 도착해 가까스로 닻을 내렸다. 조도와 호도가 한 번에 보이며 동진하면 사량도를 거쳐 거제 북단에 이르는 항로다.

첨사가 다스리는 미조진성의 미조(彌助)는 미륵불이 돕는다는 의미, 남해 남동부의 아름다운 항구로 명성이 높다. 미조항에서 미송로를 따라 1km쯤 등성이 길을 오르면 최영 장군을 모시는 사당 무민사를 볼 수 있다. 외삼문을 지나면 역대 미조항 첨사를 기리는 비석이 있으며 내삼문 옆 측문을 통해 들어간 사당의 문에

미조진성 터에 있는 무민사(위)에서 바라본 미조항(아래)의 모습

한산도 통제영이 정해지기 이전, 조선 수군의 주요 이동 경로

마련된 조그만 유리창을 통해 최영 장군의 영정을 볼 수 있다. 무민사 왼쪽 한 편에는 일명 '돌벅수'로 불리는 자그마한 무인석이 사당을 지키는 호위병처럼, 치근대는 오랜 세월의 간섭을 견디며 최영 장군의 외로움을 달래준다.

미조항은 여수 본영에서 최전선인 거제 북단으로 향하는 후방 기지에 해당한다. 이어지는 사량과 견내량 항로는 거제 북단의 전쟁터로 향하는 길목, 왜 수군과 산발적인 전투를 벌이면서 부산포 왜 수군 본진의 숨통을 틀어막을 거점을 물색하는 해상 작전은 6월 말까지 지속된다. 5월 하순까지 맑았던 날씨는 본격적인 장마를 예고하는 소나기가 오락가락 쏟아지며 결국 6월 초순부터 끊임없이 장대비가 판옥선을 두드렸다. 통제사가 대장선 사령탑의 봉창에 기대어 이런저런 깊은 수심에 빠져 있던 시기다. 5월 13일에는 저녁 바다 달빛이 선상에 그득하고,

홀로 앉아 뒤척이니 온갖 근심이 치밀어 잠에 들지 못했다고 토로한다. 이 시기에 육지 전황은 급속히 반전된다. 왜군은 평양성과 한양성을 조명연합군에게 내준 뒤 강화협상을 시작, 남쪽 일대에 대대적인 왜성을 구축하면서 장기 농성전에 돌입할 태세다. 동시에 진주성 주위에 군대를 집결, 1차 진주성 전투 패배의 설욕과 더불어 전라도 점령에 대한 미련을 여전히 내비치고 있었다. 이제 2차 진주성 전투 결과에 따라 육지 전황이 뒤바뀌게 되고, 이를 염두에 둔 통제사는 해상에 수군 사령부를 꾸린 채 수군진을 탄력적으로 운용했다. 해상 사령부는 보급 물자의 어려움을 수반하지만, 육지가 모두 함락되어도 끝까지 저항하는 바닷길 배수진이 될 수 있기 때문이다.

여수 본영에서 남해를 이어 사량도까지가 조선 수군의 후방 기지라면, 견내량을 넘어서는 순간부터 상호 교전 지역이다. 그렇지만 왜군은 육상전을 원했고 통제사는 왜선을 바다로 끌어내기 위해 끊임없이 미끼를 던졌다. 좌수사는 견내량과 거제 사등면 오량리의 오양역, 사등면 성포리의 세포, 지금은 간척되어 사라진 거제 귤도의 유자도, 칠천도 주변의 칠천량, 그리고 거제 북단인 장목면 구영리의 영등포 등을 항로로 잡고 왜군을 압박했다. 거제 대금산과 영등포 일대에는 척후선과 척후병이 연일 파견되어 왜군 동향을 살피던 시기다. 통제영의 함대는 대규모 왜 수군이 출현할 때는 견내량을 빠져나와 한산도 북단의 불을도, 지금의 화도에 진을 치고 포망을 형성했지만, 전면전은 실현되지 않았다. 왜군은 조선 수군을 보면 도주하기 급급했다. 미조항과 더불어 통제영 함대의 또 다른 후방 기지는 통영 남단의 산양읍 신전리 신전마을 일대의 걸망포로 추정된다. 이를테면 견내량을 허리에 두고 거제 북단과 통영 남단에 이르는 구역에서 탄력적인 군사 작전을 벌인 것이다. 그리고 통제영 함대는 6월 21일 한산도 망하응포로 진을 옮긴다. 한산면 염호리 관암포로 추정되는 한산도 북단이다. 한산도가 서서히 새로운 통제

진주성 촉석루는 장수들의 지휘 사령부로, 2차 진주성 전투 당시 충청병마절도사 황진, 의병장 김천일 등의 피와 한이 서린 장소다.(문화재청)

영으로 부상되었다.

　난중일기에 따르면 공식적인 진주성 함락 소식은 7월 5일 통제영에 전해진다. 그리고 진주성이 함락되었지만, 왜군이 전라도로 진격하지 않았다는 사실이 확인되면서 이동하는 해군사령부의 기항지가 정해진다. 한산도였다. 장맛비가 쏟아지던 계사년 6월 하순 진주성 전투는 전개되었다. 통제사는 이달 내내 전투 결과에 촉각을 곤두세우고 고뇌에 빠진 시기, 징비록 등에 따르면 진주성 전투는 참혹했다.

6월 21일 일본군 기병 200여 기가 진주성 동북 산 정상에 출현했다. 이어 보병이 속속 집결하면서 공병대가 거대한 해자의 물을 빼내는 수로를 파고, 마른 땅이 드러날 때마다 흙을 쏟아부어 진격로를 개척한다.

22일 새벽부터 왜군 500여 명이 북산에 진을 치고, 성안 병사를 유인했다. 성안 병력이 미동조차 하지 않자 9시 무렵 본진이 서서히 좁혀 들어온다. 벌판을 메운 수만 병사가 2개의 진영을 펼쳤다. 사방 수십 km가 왜병으로 채워진 진주성은 마치 거센 풍랑에 떠 있는 조각배를 연상케 했다. 개경원 산허리와 향교 앞길에 좌우군을 지휘하는 2개의 왜군 사령부가 설치된다. 선거이와 홍계남이 지휘하는 전라병사 병력들은 외곽 교란 작전을 시도할 엄두조차 내지 못한다. 오후 들어 가벼운 탐색전이 시작된다. 왜병 수천여 명이 성을 향해 내달렸으나 성벽에서 곧바로 화살과 편전으로 응사, 왜군 선발대 30여 명이 고꾸라지고 흩어졌다. 퇴각 깃발이 오르는 동시에 나팔 소리가 진주 벌판에 울려 퍼진다. 공격 시기가 조정된다. 초저녁에 왜군 1파가 진주성을 파고든다. 진주 성벽은 튼튼했고 해자의 물도 여전해 왜군 공격로는 제한적이었다. 화살이 그물처럼 쏟아지며, 무리 지은 왜병을 무더기로 잡아낸다. 한밤중까지 공세가 이어졌지만 그만큼 왜병도 부단히 소모되었다. 밤새 해자 물이 급격히 줄어들며, 진주성이 사방에서 틈을 보인다. 왜 선봉 부대에서 철갑을 두른 수레에, 철추가 박힌 귀갑차가 드문드문 보인다. 성벽을 통째로 허물어뜨리려는 귀갑차의 충돌에 진주성이 몸살을 앓기 시작한다.

23일 낮과 밤에 각각 세 차례, 네 차례의 공성전을 전개, 시간이 흐를수록 성벽에 걸어대는 사다리 개수가 늘어났다. 왜군은 소모된 병력을 즉각 충원하고, 공성전을 벌일 때마다 부대를 교체한다. 늘 새로운 깃발을 앞세운 왜병 부대가 지치지 않은 사나운 기세로 성벽을 기어오른다. 진주성 관군들은 긴장과 공포 속에서 뜬눈으로 밤을 지새우고, 해가 뜨면 일본군이 물결치는 섬 속에서 고립감을 떨쳐낸다.

24일은 잠시 소강상태. 왜군은 물러설 기미가 없다. 증원군 5,000~6,000 명이 마현에 새롭게 진을 쳤다. 이 중 500~600 명이 떨어져 나와 동편에서 공격 대형을 갖춘다. 진주성 장수와 군사, 군민들이 십 년 가뭄에 비를 기다리듯 지원병을 갈구했다.

25일 동문 밖에 쌓은 언덕 형태의 일본군 토성이 뚜렷하게 모습을 드러낸다. 조총병이 대거 배치된다. 진주성 성가퀴를 내려다보는 높이에서 조총의 철환이 수십 발씩 동시에 성안으로 날아든다. 불쑥 솟아오른 왜병 모습이 지척에서 잡힐 듯 선명하다. 왜군은 토성 언덕에 흙집을 만들고 목책을 두른 엄폐물로, 언덕 아래 조총병을 끊임없이 밀어 올렸다. 쏟아지는 철환에 조선 사수가 쓰러지고, 위축된 사수는 표적을 잡아낼 시야를 놓치면서 성벽을 무너뜨리려는 왜군의 기세가 거세진다. 황진이 초저녁부터 갑옷과 철릭, 투구마저 벗어 던진 저고리 차림으로 흙을 져 나르며 맞대응할 언덕을 쌓는다. 백성들이 우르르 몰려든다. 여염집 아낙과 사대부 처자까지 가세해 흙과 돌을 날라 한밤중에 언덕을 완성했다. 황진이 지자, 현자총통의 포대와 포수를 이동시킨다. 붉은 철환이 시원하게 직사로 날아가 왜병의 흙집을 순식간에 박살 낸다. 무너진 목책과 흙집 더미에서 왜군이 떼를 지어 나뒹굴었다. 흙집을 다시 쌓는 왜병의 속도가 지자, 현자총통의 철환보다 빠를 수는 없다. 날아드는 조총수의 철환이 점차 잦아든다. 낮부터 계속된 일곱 차례 공성전을 모두 막아내었다. 왜군의 시체가 성 밑에서 산을 이룬다. 군민들이 어렴풋이 승리의 희망을 가슴에 품어본다. 전투는 중반을 넘어섰다.

26일 왜군이 본격적으로 귀갑차를 동원한다. 생가죽을 덧씌운 나무 궤짝 아래 몸을 숨긴 왜병은 귀갑차를 충돌시켜 성벽을 쉴 틈 없이 헐어댄다. 귀갑차는 성

진주성 공북문. 2차 진주성 전투는 6,000명의 조선군이 10만의 왜병과 맞선 혈전이었다.(문화재청)

곽의 한 모퉁이를 공격, 이곳을 기어코 무너뜨린 뒤에야 철수했다. 성 위에서는 화살보다는 큰 돌을 연일 굴려 떨어뜨렸지만, 거머리처럼 들러붙은 귀갑차는 진주성의 돌담을 삼킨다. 진주성이 조금씩, 조금씩 주저앉는다. 이어 왜병은 동문 밖에 거대한 이동망루 2개를 끌고 와서, 성 주변에서 자른 대나무를 빙 둘러 붙인 방어막을 꼭대기에 만들고, 조총과 불화살을 쏘아댄다. 불이 성안 초가집에 옮겨붙어 연기가 자욱이 깔리면서 병사와 백성들은 숨쉬기조차 힘들 지경이다. 겁에 질린 목사 서예원은 군민들과 함께 동요하며, 통제력을 잃는다. 김천일이 의병 부장 장윤을 임시 목사로 세워 화재를 진압하고, 질서를 잡아간다. 먹구름을 잔뜩 품었던 하늘에서 굵은 빗방울이 떨어져 불길이 사그라진다. 그러나 습기에 아교가 풀리면서 활시위가 장력을 잃어간다. 지쳐가는 사수 앞에 표적은 걷잡을 수 없이 늘어간다. 그치지 않는 거칠고 지속적인 대단위 공세였다.

왜군 진영에서 편지를 매단 화살이 날아든다.

'대국의 군대도 항복하였는데, 너희 나라가 어찌 감히 항거하는가.'

즉각 답신이 날아간다.

'우리는 죽기로 싸울 뿐, 30만 명나라 대군이 추격하여 너희를 남김없이 섬멸할 것이다.'

화살을 쏜 왜병이 성 밑에서 바지를 벗고 엉덩이를 두드려 조소한다.

산성에 올라 먼발치에서나마 명나라 기병의 흙먼지를 기다리던 김천일이 신음하듯 뱉어냈다.

"이 적들을 물리치고, 언제 명나라 군사의 살점을 씹을 것인가."

깊은 배신감과 외로움이 뒤엉켜 있다. 이날도 밤낮에 걸쳐, 서너 차례 공성전이 전개된다. 귀갑차와 나무 망루가 성벽과 조선군 사수에게 적지 않은 타격을 입힌다.

27일 새벽 동이 트면서 조선군은 눈을 의심한다. 동문과 서문 밖 다섯 군데에 왜군이 쌓아 놓은 언덕이 동시에 뿌옇게 모습을 드러낸다. 밤새 대규모 병력을 동원, 진주성 규모의 토성을 쌓았다고 해도 과언이 아닐 정도다. 왜군은 토성 꼭대기에 역시 대나무를 엮어 장막을 만들고, 군데군데 빈틈에서 조총을 쏘아댄다. 순식간에 조선 사수 수십 명이 살터에서 나자빠진다. 성가퀴가 비어 가도 채울 여력이 없다. 성벽 아래 왜군이 과감하게 몰려들어 사다리를 걸친다. 김해부사 이종인이 지휘소를 버리고 성가퀴로 달려든다. 가까스로 도성에 성공한 다섯 명의 왜군을 성벽을 따라 돌아가며 베어낸다. '와'하는 함성이 일면서 조선군 사수들이 창검을 집어 들고 빗발치는 철환 속에서 백병전에 나선다. 이어 귀갑차 주변에 매달려 철갑을 입고, 철추로 성벽을 찍어내는 왜병들에게 성안 백성들이 기름에 적신 솜을 불붙인 장작에 꽂아 일제히 내던졌다. 빗발은 다소 잦아들었다. 왜병이 덮어쓴 궤짝에 불이 붙고, 진주성 인근이 시신 탄 냄새로 덮이자, 도성을 중단하고 퇴각한다. 해 질 무렵, 왜군은 신북문 공세에 나섰지만, 이종인이 잠시도 쉬지 않고 군사를 내몰아 봉쇄한다. 용맹한 무장이다.

28일 동틀 무렵, 이종인이 북문 공세가 뜸해져 동문으로 되돌아오니 성벽은 허물어지기 직전이었다. 동문을 대신 지키던 서예원이 야간전투에서 몸을 사리면

2차 진주성 전투가 끝난 계사년 6월, 폭우처럼 쏟아진 장맛비에 쓸려 내린 조선 백성의 시신이 진주 남강을 뒤덮었다.

서 귀갑차의 접근을 허용했다. 서예원에게 불같이 화를 낸 이종인이 병사들을 다그쳐 횃불과 화살, 돌덩어리를 성 아래로 쏟아부었다. 왜군 대열이 무너지며, 지휘하던 왜장 한 명이 돌무더기에 깔리자, 왜병들이 시신을 수습해 퇴각한다.

　전투를 지휘하던 황진이 동문을 찾아 성 아래를 잠시 내려다본다. 1,000여 명 이상의 왜군 시신이 줄지어 누워있다. 어렴풋이 사상자를 헤아리는 순간, 성벽 바로 밑에서 조총의 날카로운 총성이 울린다. 철수하지 않고 숨어 있던 왜병의 철환이 성가퀴의 목판을 스친 뒤, 황진의 왼쪽 이마에 박힌다. 장윤 등과 더불어 전투를 지휘하던 최고 수뇌 황진이 전사한다. 진주성이 한 팔을 잃었다.

29일 황진을 대신해 서예원에게 순성장 역할이 맡겨진다. 겁을 집어먹은 서예원은 철릭도 여미지 않은 채, 말을 타고 마지못해 성 외곽을 맴돌았다. 입가는 파리했고, 연신 눈가를 훔치거나 어루만진다. 분기를 누르지 못한 병사 최경회가 "사기를 떨어뜨리는 장수를 베어 군기를 세운다."면서 칼을 뽑아 들었으나, 주변 만류로 칼을 내던진다. 순성장이 장윤으로 교체된다. 한 치 앞을 볼 수 없을 정도로 쏟아진 장대비가 조선군에게 잠시 잊어버린 희망을 일깨운다. 해자에 물이 차면, 왜군의 서북쪽 진격로가 차단되고 공성 범위가 좁아진다. 하지만 급박하게 도성이 전개되는 동문 쪽을 지원하던 장윤의 가슴에 철환이 박힌다. 희미한 희망이 다시 절망으로 뒤바뀐다. 오후 들어 거세진 장맛비 속에서 결국 귀갑차의 거대한 충돌음에 이어 성벽이 무너지는 소리가 연쇄적으로 들린다. 장맛비는 해자도 메웠지만 동시에 약해진 성벽도 파고들었다. 왜군이 성벽 틈을 개미 떼처럼 파고든다. 이종인이 활을 던지고 사수들을 창과 칼로 무장시켜 백병전에 돌입했다. 막 성벽을 넘은 왜군은 질서 갖춘 장창의 대오에 밀리면서 온몸이 찢겨 천 길 성벽 아래로 추락하고, 이종인의 검이 허공과 왜병을 동시에 가른다. 막바지 혼전 중에 왜군이 동문에 대한 공세를 다소 늦춘다. 왜병의 시신이 무너진 성곽 주변에 구릉처럼 쌓였다. 이어 서북문에서 왜군은 아직 물이 차지 않은 해자를 건너 최후의 도성을 시도한다. 김천일의 군사가 동요한다. 황진과 장윤의 전사로 전황에 따라 각문을 오가며 기동하던 지원병을 기대할 수 없었다. 병사들이 몸을 빼내 촉석루로 퇴각하면서 결국 서북쪽이 먼저 뚫린다. 전사한 황진의 공백이 무너진 성벽 못지않게 컸다. 이어 동문에도 왜군이 밀물처럼 쏟아져 들어오면서 무게중심이 깨지고 진주성이 침몰한다. 진주성을 뒤덮은 험악한 파도가 진주 군민

전라 좌·우수영 관할지인 여수시 오동도 광장과 전남 해남에 세운 돌비석.
'호남은 국가의 울타리니 호남이 없다면 국가도 없다'.

의 숨통을 하나하나 끊어 간다. 진영을 버리고 앙상한 나무 뒤에 숨어 있던 서예원은 순식간에 포위되어 목이 사라진다. 왜병이 마침내 그렇게 바라던 '모코소(목사)'의 수급을 손에 넣었다. 조총 철환에 맞아 이종인이 절명하면서 희미하던 동쪽 방어선마저 궤멸한다.

김준민은 단기로 말을 몰아 장창을 휘두르며 왜군 사이로 뛰어들었다. 말이 달릴 때마다 좌우로 흩어지던 왜군이 장창을 던진다. 말이 앞발을 버티며 신음하다 김준민과 함께 쓰러진다. 주변에 번쩍이는 장검에서 피 무지개가 피어오른다. 남쪽으로 밀려나던 김천일은 퇴로를 열어 몸을 피하자는 주변 제안을 단번에 거절한다.

"오늘 여기가 내가 죽을 자리다."라고 외친 뒤, 아들 김상건과 함께 남강에 몸을 던졌다. 공성전에서 막대한 피해를 낸 왜군은 진주성 생명체는 모두 없애라는 도요토미의 명령을 악착스럽게 이행했다. 5만여 군민이 한나절 동안 학살된다. 왜군과 조선군의 시신을 합해 8만여 생명이 진주성에서 스러졌다. 시신을 밟지 않고는 한 걸음도 내디딜 수 없는 지옥의 형상이다. 부패한 시신은 벌써 군데군데 백골을 드러낸다.

무너진 진주성은 평지처럼 변했다. 촉석루는 불에 타 앙상하게 기둥만 남았고, 성안에 쌓인 시체가 무너진 성벽의 높이를 채웠다. 촉석루에서 남강 북쪽 강기슭까지 시체가 겹겹이 쌓여 강물의 흐름을 가로막는다. 남강이 조심스레 시신을 감싸며 하나둘 이들의 장례를 치른다. 남강 일대의 옥봉리, 천오리까지 떠밀려 온 시신들은 이제 비로소 진주성을 벗어난다. 한 달이 넘는 계사년 장맛비가 시신들의 진주성 탈출을 도왔다. 유난히 긴 장마철이었다.

7월 들어 장마가 끝나고 하늘이 맑게 개었으나 통제영 군사들은 온통 진주성 전투 결과에 촉각을 기울였다. 진주성이 함락되면 병사들의 가족이 머물러 있는 본영 전라도가 위태롭기 때문이다. 함대가 걸망포에 진을 친 5일 진주성이 함락되었다는 공문이 오면서 통제사가 통한의 눈물을 보인다. 이후 육지 전황을 알리는 급보가 속속 도착했지만, 혼전의 와중에 과장된 경우가 적지 않았다. 통제사는 견내량에 연일 척후선을 띄웠고 광양, 순천이 왜군에게 점령되어 마을이 모두 불타버렸다는 소식이 날아들어 한동안 수군진을 긴장시켰으나 결국 뜬소문이었다.

견내량을 견제하며 한산도 일대를 돌던 당시 심정을 통제사는 이렇게 밝혔다.

"바다에 달은 밝고, 잔물결 하나 없다.
물과 하늘이 한 빛이고, 서늘한 바람이 분다.
홀로 뱃전에 앉았으나, 근심은 파도처럼 솟는다."

10일 초저녁 함대는 한산도 끝 세포에 함진을 친다. 지금의 한산도 북단 염호리 비산도로 서서히 한산도가 통제영 터로 부각되었다. 이어 함대는 현재 제승당 인근의 외항인, 한산도 두을포로 임박해 간다. 척후병이 한산도에 파견되어 샅샅이 인근 지형을 파악해 통제사에게 보고하자 15일 대장선이 한산 포구에 닻을 내리고 새로운 통제영의 시작을 알렸다. 다음날 통제사는 사헌부 관료인 한 친구에게 쓴 편지에서 "호남은 국가의 울타리이니 호남이 없으면 국가가 없다."고 밝혔다. 한산도에서 호남으로 가는 뱃길을 차단하는 배수진을 친 것이다.

전라우수영과 좌수영의 관할지였던 해남과 여수 오동도에는 '약무호남 시무국가(若無湖南 是無國家)'를 새긴 돌비석이 각각 서 있다. 여수 오동도로 이어지는 방파제 길이 끝나는 주차장의 거북선 옆에 이 비석이 서 있다. 오동도를 나서 거북선대교에 이르면 이른바 '여수 밤바다'의 실제 무대가 펼쳐진다. 여수 낭만포차거

여수 밤바다의 '낭만포차거리'

　　　이순신의 바다, 조선 수군의 탄생

여수 해상케이블카는 하늘에서 보는 여수 밤바다를 선물한다.

리를 시작으로 하멜등대, 해양공원, 그리고 이순신 광장에 이르는 산책로는 여수 관광의 필수 코스로 손꼽힌다. 화려한 밤 조명으로 뒤덮이는 거리는 아무렇게나 서 있어도 포토존이다. 하멜등대와 거북선대교 사이를 오가는 여수 해상케이블카는 여수 밤바다의 스카이 뷰를 선물한다. 거북선대교와 낭만포차 거리의 화려한 조명이 여수 밤바다와 어우러지면서, 하늘과 땅과 바다에서 뿜어내는 갖가지 색이 그리운 사람 누구에게인가 전화를 걸어 보라고 노래한다. 먹거리도 풍부하다. 낭만포차의 돌문어는 물론이고 쑥 초코파이와 딸기찹쌀떡, 바다 김밥 등이 인상적이다. 특히 이순신 광장 인근의 한 가게에서 종이봉투에 받아 든 꽈배기는 두툼하면서도 바삭했던 어린 시절 입맛을 고스란히 떠올리게 한다.

통제사가 여수 본영을 떠나 남해를 떠돌다 외로운 한산도에 진을 친 이유는 '그때'와 '지금'을 모두 지키기 위한 것이다. '약무호남, 시무국가'.

사량도(蛇梁島)

조선 수군의 초계지(哨戒地),
이순신의 고뇌가 서린 섬.

8. 사량도(蛇梁島)
- 조선 수군의 초계지(哨戒地), 이순신의 고뇌가 서린 섬.

사량도는 남해와 고성, 통영이 반원처럼 둘러싼 바다 한가운데 1.5km 거리를 두고 마주 보며 이웃한 상도와 하도 사이를 흐르는 해협이 뱀처럼 생겼다고 해서 붙은 지명이다. 량(梁)은 명량, 노량처럼 육지와 섬, 섬과 섬 사이의 해협으로, 뱀처럼 구불거리는 모양이 사량도의 이름마저 결정한 것으로 보인다. 2015년 경남 최대 연도교인 '사량대교'가 개통되면서 두 섬은 하나로 연결되었다.

임진란 당시 경상우수영에 속한 사량도는 지리적 특성 때문에 전라와 경상수영을 연결하는 거점이자, 수군 초계 기지로 줄곧 활용되었다. 따라서 개전 초기부터 당시 전라좌수사였던 이순신과 인연을 맺고 부단히 군사기지로 활용된다. 좌수사의 장계와 실록에 따르면 사천해전에서 총상을 입은 이순신이 처음으로 기항했던 섬이다. 사천포구를 빠져나와 모자랑포에 잠시 정박한 함대는 사량도에서 전열을 가다듬었다.

사량도 또한 왜구의 빈번한 노략질 대상이었다. 1544년 발생한 사량진 왜변 당시 상도에는 사량진성이 구축되어 있었고, 종4품인 사량만호의 동헌 및 객사, 군막 등이 현재의 선착장 북방에 배치되었을 것이다. 임진왜란 당시 사량 만호 이여

고성 용암포에서 사량 상도까지는 뱃길로 20분 남짓한 거리다.

염은 전란이 터지자 원균과 함께 함대를 자침시키고 도주했다가 옥포해전을 앞두고 합류한다. 이후 사량도는 남해 미조항과 통영시 산양읍의 걸망포를 연결하는 중간 기지로 활용된다. 전란 막바지인 무술년(1598)에는 사량만호 김성옥이 도독 진린 등과 함께 순천왜성 공방전에 나선 것으로 확인된다. 그는 전란 이후에도 만호 자리를 지키다 임기가 만료될 즈음 백성들에게 쌀과 베를 수탈해 선조실록에 기록된다. 가뜩이나 피폐했던 사량도 백성의 삶은 전란 후에도 녹록지는 않았을 것이다. 이쯤 되면 면사무소에 세워진 '선정비'는 반어법이라는 의심마저 일으킨다.

규장각 고지도에 따르면 현재 금평 선착장 위치에 거북선과 병선 등이 정박해 있었다. 이른바 선소 자리였던 이곳에서 움푹 팬 만을 가로질러 마주 보는 위치에

사량면사무소에는 '사량만호 선정비' 다섯 기가 서 있다. 세 기는 인근 진촌마을 우물에서 발견되었고 나머지 두 기는 사량중학교에서 보관하고 있다.

민가가 조성되었는데, 현재 사량초등학교와 사량중학교, 민박집 등이 들어섰다. 그리고 선착장 북쪽과 고동산 사이에 성이 구축되어 동헌 등이 자리 잡고 있었다. 이곳에서 총상을 입고 상처를 동여맨 좌수사 이순신이 당포와 당항포로 나아가는 동진 계획을 제장들과 숙의했을 것이다. 상처는 가볍지 않았다. 이순신은 이듬해인 계사년(1593)년 3월 종종 염증이 올라 고름이 터졌다고 토로한다. 상한 견갑골에 이물질이 남아 뽕나무 잿물과 바닷물로 상처를 부지런히 씻어 냈지만 아물듯하던 상처가 누차 덧나고는 했다.

임진년(1592) 6월 1일 당시 사량도 선소에는 첫 출전부터 왜군에게 공포의 대명사로 자리 잡은 거북선을 비롯, 판옥대선들이 질서정연하게 정박해 있었을 것이다. 이곳에서 수군들은 뜨거워지는 여름의 시작에 최고 지휘관 이순신의 부상을 걱정하고, 난데없이 터진 전란 속에 두고 온 처자식에 대한 시름에 젖고, 길고 길었던 어제 하루 전투 이야기에 여념 없었을 것이다.

전라좌수사 이순신은 5월 29일 새벽 노량으로 함대를 발진한다. 좌수영의 함대는 24척, 여기에 경상우수사 원균이 이끄는 함선 4척이 합류한다. 2차 출정 길에는 순천부사 권준이 합류해서 중위장을 맡았다. 거북선에 돌격장이 승선하면서 긴장과 기대감이 더해진다.

연합 함대가 수로를 통과해서 거슬러 올라가자 곤양에서 나와 사천으로 향하던 왜선 1척이 급하게 도주한다. 방답 첨사 이순신이 곧바로 추격, 산기슭으로 도주하며 해안에 버린 배를 그 자리에서 불태운다. 이어 한눈에 들어오는 사천의 선창, 왜선 12척이 열을 지어 정박해 있다. 대선 7척, 중선 5척이었다. 해상 포격전의 대가를 이미 혹독하게 치른 왜군은 조선 수군의 유인작전에도 배를 띄우지 않고 산과 언덕, 그리고 해안에 정박한 전투선에 각각 병사를 배치해 견고한 방어선을 구축해 놓았다. 왜군이 파헤친 조선 땅이 시뻘건 속살을 드러내고 있었다. 왜군은 능선에 뱀처럼 똬리를 틀고 붉고 흰 깃발을 어지럽게 꽂아 놓은 채 부산하게 움직였다. 능선 가운데 뱀의 대가리처럼 우뚝 솟은 장막에 수시로 왜군들이 드나들어 왜군 사령부임이 한눈에 파악된다. 왜군의 대응이 좌수군의 1차 출정 때와는 사뭇 다르다. 정박한 왜선은 전투태세를 갖추고 있지만 성급히 출항하지 않았다. 포구에 물이 빠지면서 조선함대는 점차 밀려났고 화살은 적진에 미치지 못했다. 좌수사가 함포사격을 금한 채 400m가량 배를 물리자 능선의 왜군이 함성을 지르며 내려와 해안가로 진을 옮긴다. 일부 왜병은 왜선에 올라 조총을 쏘아대며 기세를 올린다. 조선함대는 간간이 화살만 날릴 뿐 한동안 포구를 겉돌았다. 다시 밀물, 왜병이 진을 친 포구와 왜선을 향해 거북선과 판옥선이 거세게 달려들며 비로소 포성이 울린다. 한 번에 백여 발이 넘는 천자총통의 대형 철환이 무방비로 노출된 왜군 진과 왜선에 무더기로 쏟아진다. 해안은 순식간에 아비규환의 지옥으로 변했다. 최전방의 거북선이 반파된 왜선과 좌충우돌하면서 갑판의 왜병들이 바다로 떨어지고 화살과 편전이 흩어진 왜병들을 파고든다.

조총의 철환이 거북선 철판에서 날카로운 굉음을 울리고 튕겨 나가다 육중한 금속 충돌음이 들렸다. 병사들은 제 눈을 의심할 수밖에 없었다. 왜병들 틈에서 드문드문 조선옷 차림의 병사가 낯선 이방인(異邦人)처럼 섞여 총포를 겨눈다. 아마 총통을 잘 다루는 조선 병사 포로 중에서 색출했을 것이다. 사발만한 철환이 간혹 바다와 판옥선을 두드린다. 왜선에 총포가 탑재되기 시작한 것. 대장선이 돌연 철환이 빗발치는 포구를 향해 돌진한다. 대장선의 분노는 순식간에 전파되었다. 조선인이 탄 배는 집중포화 속에서 깨어진다. 판옥선이 다가서며 좌초하는 배에 실려 공포에 질린 왜병의 모습이 선명하게 확대되자 지체하지 않고 온몸에 화살과 편전이 꽂힌다. 조총 소리는 점차 잦아들었지만, 해안가의 저항은 멈추지 않았고, 대장선을 따라붙던 중부장 나대용이 철환에 맞고 주저앉는다. 이어 좌수사의 왼쪽 어깨에 깊숙이 박힌 조총의 철환, 전쟁터에 난무하는 무기는 사람을 가리지 않는다. 누구든 죽을 수 있다. 때로 한 치의 거리가 생과 사를 결정짓는다. 홍철릭에 배어드는 좌수사의 피, 분노한 병사들이 다시 한 걸음 죽음에 다가선다. 조선 수군의 기세는 사나웠다. 파괴된 왜선의 틈을 파고들어 해안에 화살을 퍼붓는다. 결국 살아남은 왜병들이 해안을 버리고 높은 언덕으로 패주하면서 전투가 막을 내렸다. 텅 빈 해안가에 고립된 왜선은 모조리 조선 수군의 먹잇감이다. 차분히 꼼꼼하게 불사른다. 사도첨사 김완이 경쾌선을 띄운다. 해변에서 포로로 붙잡혔던 조선 소녀를 구해내고 사로잡은 왜병의 목을 거친 포효와 함께 그 자리에서 베어낸다. 조선 수군들의 함성이 포구를 가득 메운다. 게으른 무장 사도첨사 김완, 그러나 그는 전쟁터에서 용맹한 장수였다. 늘 병사들보다 앞장서서 왜선에 뛰어들었고 경쾌선을 타고 육지에 먼저 상륙했다. 좌수사는 김완의 감춰진 모습을 이미 간파하고 있었을 것이다. 총상을 입은 채로 칼을 들어 화답한다. 높은 언덕에 숨은 왜병들은 발을 동동 구르면서도 무기력한 공포감을 감추지 못한다.

좌수사는 날이 저물자 소선 몇 척만 남기고 사천을 빠져나와 한밤중에 모자랑 포에 진을 쳤다. 좌수사의 부상은 병사들에게 전선에서 나누는 죽음이 공평하다는 사실을 실감케 했다. 이제 죽음의 공포는 누구나 나누어 갖는 전선의 끈끈한 동료애가 될 것이다. 동진한 조선함대는 1일 사량 상도와 하도의 해협에 진을 치고 밤을 맞았다.

이후 사량도는 난중일기에 빈번하게 등장하는데, 대부분 이순신이 편치 않은 시기였다. 사천해전에서 부상한 채 사량도에 기항했고 계사년(1593) 2월 전개된 웅포해전에서는 사량도가 중간 기지로 활용된다. 웅포해전에서 왜 수군이 해전을 피하고 지루한 참호전을 펼치면서 통제사를 애먹였다. 5월부터 육지 전황이 악화되어 좌수사가 해상 사령부를 꾸리고 7월에는 한산도에 통제영을 구축하기까지 사량도는 초계 기지이자, 섬을 오가며 떠도는 수군의 일시적 안식처 역할을 한다. 갑오년(1594) 1월 전염병이 창궐해 어머니에게 새해 인사를 드리고 급히 한산도로 가는 길에도 잠시 사량도를 거친다. 또 을미년(1595) 12월 조정의 정치 상황이 악화되어 체찰사 이원익을 만날 때도 사량도에 정박한다. 통제사는 이듬해 2월 파직된다. 이제 폐허가 되어 희미한 흔적만 남은 사량진성에서 통제사는 숱하게 전략을 논의하고, 전란의 고민과 회한을 파도에 씻어 버렸을 것이다.

고려말 사량도에서 왜구를 격퇴한 최영 장군을 제향하는 사당, 주민들은 매년 음력 정월 제를 올린다.

　사량도 해안 길인 진촌1길을 따라 서쪽으로 가다 낚시점 옆 골목길을 오르면 사량제일교회와 최영 장군 사당이 있고, 그 옆으로 난 진촌2길로 접어들면 250년 이상 된 팽나무 한 그루가 우뚝 솟아 있다. 또 사량면사무소 앞에는 사량만호 선정비 5개가 있는데, 사량도가 군사적 요충지라는 사실을 일깨워준다. 흔히 군사 기지에 최영 장군의 사당을 모신다는 사실로 미루어 볼 때, 군데군데 민가가 들어선 이 일대에 사량진성이 구축되었다고 볼 수 있을 것이다. 또 진촌마을회가 사량진성 식수공급원이었던 우물을 복원하면서 만호 선정비 세 기를 발견했다. 이와 함께 이 일대에는 돌무더기가 적지 않게 쌓여 사량진성의 과거 흔적을 어렴풋이 드러낸다. 통제사가 번민 속에서 오갔을 사량진성 선소길과 우물은 이제 황량하지만, 당시 통제사를 지켜보던 사량도는 여전히 아름답다. 통영시에 속하는 사량

사량도 내지마을 특산물 판매장에는 자연산 회를 비롯한 온갖 먹거리가 풍성하다.

도는 고성에서 오히려 더 가깝다. 통영 가오치항에서 30여 분, 고성 용암포 선착장서 20여 분이 걸린다. 카페와 먹거리, 그리고 특산물판매장도 활성화되어, '내지마을 특산물판매장'에는 사량도 약초를 비롯해 광어 우럭 쥐치 등 자연산 생선회와 탕이 넘쳐난다. 이중 포장마차 풍의 한 식당에서 먹은 해물라면은, 라면과 가장 많이 어울린 식품은 계란이겠지만, 가장 잘 어울리는 식재료는 해산물이 아닐까 하는 생각마저 들게 할 정도다.

　한국의 100대 명산에 포함되는 사량 상도의 지리산은, 날이 맑으면 바다 건너 지리산 천왕봉이 보인다고 해서 '지리망산'이라고도 불리는데, 작지만 아름답고 매혹적이지만 매서운 산이다. 지금은 나무다리와 난간 및 보조장치가 곳곳에 설치되어 비교적 쉽게 오를 수 있어도 등산화와 장갑은 필수다. 이중 해발 281m의

사량도 지리산에서 조망한 사량대교의 모습

옥녀봉 인근 출렁다리, 허공에 떠 있는 듯한 착각을 불러온다.

통영 가오치항에서 승선한 뒤, 사량도 금평 선착장의 여객선터미널에 내리면 바위에 새긴 정겨운 언어유희가 미소 짓게 한다.

옥녀봉은, 적은 품을 팔고도 한없이 펼쳐진 바다와 산의 절경을 감상할 수 있어 섬 등반의 백미를 보여준다. 조금만 올라도 조망이 탁 트여 등반 대가로 얻는 조망 가성비가 뛰어나다는 것이다. 무료 개방한 사량도 예비군훈련장 인근 민간 주차장에서 등산로를 잡아, 숲속에 갇혀 흙길이나 나무 계단을 오르다 급경사인 기암절벽의 철계단에서 잠시 지루하다 싶어 문득 고개를 돌리면, 상도와 하도를 연결하는 사장교인 사량대교와 그 아래를 뱀처럼 굽이치며 흐르는 푸른 해협, 그리고 하도 포구와 마을, 마을을 감싼 산자락이 눈부실 정도로 선명하게 펼쳐진다. 멀리 사량대교는 마치 두 개의 하얀 우산을 맞붙여 놓은 모습으로 두 섬을 연결한다. 또 굽이를 돌 때마다 찰칵, 찰칵 슬라이드 필름을 교체하듯이 사량도 구석구석의 절경이 휙휙 실사(實寫)된다. 옥녀봉에서 가마봉으로 가는 500m 남짓한 거리에는 사량도의 또 다른 명물이 기다린다. 바로 두 개의 출렁다리다. 다리에 서면 까마득하게 펼쳐진 하늘과 바다, 그리고 천 길 낭떠러지 같은 육지가 동시에 흔들리면서 오금을 저리게 한다. 길이 61m의 출렁다리는 교각을 세울 수 없는 만큼 당연히 현수교이다. 주탑과 주탑을 연결하는 케이블이 교량을 허공에 떠 올리면서 발밑의 대항해수욕장, 사량대교, 사량해협을 흔들어 대는 것이다. 현수교는 두 개의 주탑이 마주 보며 구석구석 늘어뜨린 케이블로 교량을 지탱하고 있어 위태롭게 출렁거리지만, 아슬아슬한 살림살이를 정겹게 꾸려나가는 부부를 연상시킨다. 이에 비해 사장교는 우뚝 솟은 탑이 홀로 상판을 들어 올려, 강인해 보이지만 외로운 풍경이다.

옥녀봉에는 아름다움을 둘러싼 탐욕과 욕정, 금기가 얽힌 전설이 전해진다. 옥녀봉 아래 작은 마을에서 태어나 고아가 된 옥녀를 한 홀아비가 동냥젖을 먹이면서 친아버지처럼 보살피며 사랑으로 키웠다. 그런데 옥녀가 빼어난 미모와 자태를 지닌 처녀로 성장하자 의붓아버지가 욕정을 드러냈고, 이를 슬퍼한 옥녀가 옥녀봉 낭떠러지에서 떨어져 옥녀봉 아래는 지금도 사철 붉은 이끼가 끼어 있다는 것이다. 아름다움에 대한 사랑이 탐욕으로 변질하면, 대상을 소유하기보다는 파멸시킨다는 금기는 사람과 자연 모두에 해당한다. 욕정과 탐욕이 극단적으로 표출된 전쟁은 두말할 나위도 없이 사람과 자연을 송두리째 파괴한다. 사량도 여객선 터미널 입구 바위에는 언어유희지만 미소 짓게 하는 문구가 새겨져 있다.

"사량도에서 사랑합시다."
서로 마주 보며 함께 지탱해나가는 현수교식 사랑일 것이다.

한산도(閑山島)

남해의 화점(花點),
왜 수군을 우하귀에 틀어막다.

9. 한산도(閑山島)
– 남해의 화점(花點), 왜 수군을 우하귀에 틀어막다.

　　　　　　　　　　햇수로 5년 동안 삼도수군통제영이 설치되었던 한산도는 통제사 이순신의 숨결과 자취가 물씬 풍기는 섬이다. 전란이 발발한 이듬해인 계사년(1593) 7월 15일 한산도에 통제영을 설치한 통제사는 정유년(1597) 2월 26일 죄인으로 한양에 압송되기까지 한산도에 머물렀고, 한산도 통제영은 공교롭게도 정유년 7월 15일 자정 조선 수군이 칠천량에서 참패하면서 4년 만에 사실상 소멸한다. 따라서 한산도에는 전란 기간 삼도 수군을 통제하는 수군 최고 사령관의 공적 삶과 더불어 인간 통제사의 고뇌와 번민, 그리고 눈물이 조금만 들춰보면 수없이 녹아 있다.

　통제사에 대한 공적 기록과 역사적 상징성은 한산도 제승당에 압축되어 있다. 하지만 한산일주로를 타고 한산도 마을과 포구 등을 살펴보면 섬 곳곳에 묻어 있는, 시간조차 어쩌지 못한 통제사의 보이지 않는 자취를 느낄 수 있다. 구체적인 유적은 아니지만 지명과 지형, 포구를 감싸고 있는 만이나 바다를 향해 불쑥 튀어나온 곶(串), 해안가에 널어놓은 미역 줄기, 우뚝 솟은 망산 등에 임진란의 통제사와 얽힌 숱한 이야기가 떠돌며 기억을 통해 유전되고 있어 섬 전체가 '한산랜드'처럼 상상력을 자극하는 무형 유적지인 셈이다. 자동차를 가지고 배를 타서 한산

의항마을의 유래를 소개한 '역사 안내판', 두억의항 승선장 바로 옆에 서 있다.

일주로를 천천히 돌아봐야 하는 이유다.

(1) 한산대첩의 목격자

지명 '통영'은 선조 37년(1604) 삼도수군통제영이 두룡포로 이전, 설치되면서 생긴 줄임말이다. 통영항 여객선터미널에서 한산도 제승당 여객터미널까지는 배로 30여 분 남짓한 거리다. 그런데 제승당 여객터미널이 아닌 의항에서 하선하면 문어포마을로 쉽게 접근할 수 있다. 의항과 문어포 마을에서만도 벌써 임진란과 얽힌 이야기가 시작된다.

문어포마을 역사 안내판은 한산대첩에서 대패한 왜 잔적들이 도주로를 찾던 중 문어포 입구에 도달해 한 노인에게 큰 바다로 가는 길을 물었고, 이 노인은 막다른 수로인 문어포 내만(內灣)을 가리켰다고 전한다. 바닷길을 묻고 답했다는 의미인 문어(問語)라는 이름이 여기에서 생겼다는 것이다. 의항(蟻項)은 왜군 잔적이 막상 수로가 막혀 오도 가도 못하자 배를 버리고 산허리에 개미 떼처럼 달라붙었다고 해서 생겨난 이름이다. 물론 문어포는 문어가 많이 서식해서 붙은 이름이라는 설명이 더 간결하다. 의항은 현지 토박이들에게 바닷물이 드나드는 '가는 포구'라는 의미인 '개(미)목'으로 주로 불린다. 마을 이름 유래의 진위를 구태여 따질 필요는 느끼지 않는다. 다만 지리, 지형 특색에 임진란의 기억이 덧씌워지면서 만들어 내는 다양한 해석을 음미하는 것만으로, 한산도와 임진란의 풍부한 역사적 연결고리를 느낄 수 있다. 반면 문어포 마을 뒤 음달산에는 해석이 아닌 역사적 사실을 알리는 늠름한 한산대첩기념비가 버티고 서서 왜 수군 전력을 사실상 파탄시킨 한산 앞바다를 굽어보고 있다. 의항에서 우거진 산길을 5분여 정도 달리다 문어포마을에 도달하면 순식간에 전망이 탁 트인다. 여기에서 세월에 바래 더 정겨운 느낌을 주는 하늘색 벽화를 따라 바닷가로 내려서자 통영 미륵산과 케이블카, 관광단지 등이 그림처럼 펼쳐진다.

문어포마을에서 도보로 10여 분 거리에 한산대첩기념비가 서 있다. 좁은 길 양옆에는 동백이 우거져 수목 터널을 이루는 야트막한 언덕길 끝자락에 도달하면 햇빛을 타고 거대한 기념비가 서서히 확장된다. 거북선이 싣고 있는 승전탑, 이곳에서 화도, 통영을 잇는 삼각지의 넓은 바다로 눈을 돌려, 그날의 격전지를 가늠한다. 견내량에서 유인해 온 왜 수군을 학익진에 가두어 놓고 조선 수군이 철저하게 두들겨 부순 한산대첩이 전개된 곳이다. 통제사의 승전 장계와 각종 사료를 종합하면 통제사는 이날 왜 수군에게 '사망선고'를 내린 셈이다.

7월 8일 아침 함대는 역시 견내량으로 출항한다. 다만 6척의 판옥선만이 견내량으로 향하고 나머지 함대는 한산도의 넓은 바다로 우회한다. 견내량 입구를 살

한산대첩비, 웅장한 규모에 장쾌한 그날의 압승을 담고 있다.

피던 왜 척후선이 빠르게 돌아선다. 추격하던 판옥선이 견내량 입구에 깊숙이 들어서자 전쟁 이후 최대 규모의 왜선이 포진해 있다. 왜대선 36척, 중선 24척, 소선 13척. 70여 척이 넘는 대형 선단, 이미 전투태세를 갖추고 있다. 판옥선 6척은 짐짓 멈칫하며 급하게 배를 돌려 한산도 앞바다로 후퇴한다. 왜병이 가득 탄 왜선 70여 척이 놀라운 속도로 추격을 시작한다. 활시위처럼 팽팽하던 판옥선과의 거리가 서서히 당겨지고 있다. 왜선은 무질서하게, 그러나 맹렬하게 덤벼들고 있다. 왜선과의 사거리가 확보되면서 한산도 넓은 바다에 집결한 조선함대들이 서서히 산개하며 질서정연한 진영을 짜내고 있다. 수도 없이 연습한 학익진, 지휘 장수들은 눈빛만으로도 격군장과 호흡을 맞추며 함대간 거리와 포망을 완성하는 숙련공이 되었다. 격군은 격군장의 북소리 리듬을 온몸으로 받아들여 학의 비상을 준비한다. 마침내 조선함대는 학의 날개를 폈고 적선은 둥지를 노리는 독사처럼 세차게 달려든다. 유인하던 판옥선이 학의 날개 끝을 완성하면서 학이 날고 팽팽하던 활시위가 풀린다. 모든 총통이 약속한 듯 일제히 불을 뿜는다. 포성이 한산바다 일대를 흔들었다. 연기에 뒤덮인 학은 마치 구름을 나는 듯하다. 장군전과 차대전이 먼저 왜선의 옆구리를 갈랐다. 앞서 오던 왜대선 3척이 한순간에 깨지면서 균형을 잃고 제자리에서 뱅뱅 돌기 시작한다. 금빛 갑옷을 입은 왜장과 화려한 3층 망루가 동시에 사라졌다. 저 배들은 이제 전투선이 아니라 먹잇감에 불과하다.

이어 터지는 지자, 현자총통의 소리. 불구덩이를 향하는 부나방처럼 왜선들은 차례차례 스러져 갔다. 천자총통에 뚫린 지휘선은 붉은 속을 내어 보이며 푸른 바닷물을 마셔대고 있다. 후미를 쫓던 왜대선 1척과 중선 7척, 소선 6척이 상황을 알아차렸다. 주춤 추격 속도를 늦추더니 급히 뱃머리를 돌려 도주한다. 아쉽지만 나머지 59척은 걸려든 사냥감이다. 전면적인 해상전을 각오한 왜선은 갑판에 무장한 왜병을 가득 채운 상태였다. 살진 사냥감, 전투는 하루 내내 이어졌다. 하지만 시간이 흐르면서 전투라기보다 일방적인 도륙에 가까운 양상이다. 기능을 상실한 왜선들은 달려드는 거북선과 판옥선에 부딪히며 마지막 숨이 끊기어 침몰하기 시작한다. 내려다보이는 적선의 갑판에 화살, 불화살, 불붙인 짚단을 억수처럼 쏟아낸다. 한 치의 틈도 없는 화살 비, 그 틈을 비집고 솟아오르는 불꽃이 한여름 더위를 잊게 한다. 시간이 흐르면서 왜선들은 한산도 바다에 머리와 꼬리만 남아 눕혀진 생선처럼 앙상해져 간다. 한산 일대 바다는 산 자와 죽은 자들이 뒤엉켜 지옥을 이루고 있었다. 움직임이 보이면 낫과 갈고리, 화살이 날아간다. 헤엄치는 왜병에게는 동료가 사냥당하는 그 순간만이 생명을 건질 유일한 기회, 조총과 무거운 철갑을 벗어던지고 핏빛으로 변한 바다에서 미친 듯이 헤엄친 400여 명만이 한산도 기슭에 기어오를 수 있었다. 조선 소년 3명이 깨어진 왜선에서 고개를 내밀고 "살려 달라."고 외치자 인접한 조선함대가 전율하듯 일제히 활쏘

한산 앞바다의 노을, 이제는 어선과 여객선이 오가는 평온한 풍경이다.

한산일주로

문어포마을
(한산면 두억리)   제승당   대고포마을
여객터미널   소고포마을
의항마을
장곡마을
창동마을
입점포마을
장작지 마을
야소마을   진두마을
하포마을
의암마을

의항마을과 문어포마을을 거쳐 한산일주로를 타면, 한산도 마을의 유래를 모두 볼 수 있다.

기를 멈춘다. 경쾌선이 나는 듯이 달려간다. 이들 세 명만이 오늘 유일하게 산 채로 조선함대에 오를 수 있었다. 날이 어두워지면서 전투는 마무리되었다. 함대는 어제까지 적선이 주둔했던 견내량 입구에 정박해서 이곳의 본래 주인이 누구인지를 분명히 알렸다.

좌수사는 전투가 마무리되면 전리품을 비롯해 아군의 사상자를 꼼꼼히 파악하고 이를 기록해 두었다. 장계에 따르면 한산도 해전의 아군 전사자는 다음과 같다. 수군 김봉수, 별군 김두산, 격군 강필인, 격군 임필근, 격군 장천본, 갑사 배중지, 갑사 박응귀, 수군 강막동, 격군 최응손, 격군 노비 필동, 거북선 병사 노비 김말손, 거북선 병사 노비 정춘, 격군 노비 상좌, 격군 사찰 노비 귀세, 격군 사찰 노

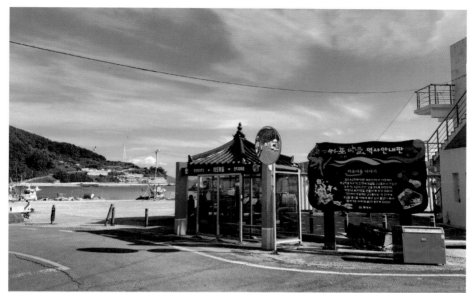
삼도수군통제영의 보급기지였던 한산도 남단의 하포마을

비 말련, 수군 박무년, 수군 이기동, 수군 김헌, 수군 노비 맹수.

 거친 이름을 가졌을수록 박대받는 삶을 살아왔겠지만, 이들 모두는 조선 땅에서 조선을 지키다 죽어간 조선의 기구한 백성들이자 영원한 수군이다. 왜군은 한산 해전에서만 60여 척이 침몰하면서 1만여 명에 이르는 사상자를 낸 것으로 추정된다. 기록에 따르면 한산도로 도주한 400여 일본 수군이 바로 문어포마을과 의항마을의 유래를 만들어 낸 주역일 가능성이 높다.

 문어포 마을회관 앞 평상에서 잠시 숨을 돌리면서 제승당에 이르는 코스를 잡을 때, 하포항과 한산면사무소를 경유지에 포함하면 20km 남짓한 거리가 나온다. 직선거리보다 두 배가량 멀지만 한산일주로를 모두 돌면서 통제사의 한산도 시절을 감상하는 시간 여행을 시작한다.

(2) 한산도 통제영, 남해의 화점

통제사가 한산도를 삼도수군통제영으로 삼은 이유는 지극히 간단하지만, 그래서 오히려 더욱 놀랍다. 부산포에 주둔한 왜 수군을 우하귀에 몰아넣고 숨통을 조이는 남해의 화점(花點)이기 때문이다. 왜 수군의 주력 전투선인 세키부네(關船)는 바닥이 뾰족한 첨저선으로 신속한 기동성을 갖추었으나 거제도 외곽을 돌아 항진할 정도의 안정성을 갖추지 못해, 불가피하게 내해인 견내량을 통과해야만 서진할 수 있다고 계산한 것이다. 이 견내량을 틀어막는 곳이 바로 한산도였다. 따라서 한산도는 최전선에 바로 근접해 구축된 최고사령부였던 셈이다. 통제사는 한산도에 둥지를 틀기 이전에 화도 등에서 수군진을 펼치면서 왜 수군을 끊임없이 유인했지만, 왜선은 아예 응하지 않았다. 함포로 무장한 판옥선을 도저히 이길 수 없다고 판단한 것이다. 통제사는 이에 따라 이미 왜군이 곳곳을 점령한 거제도를 견제하면서 부산포를 압박하는 한산도에 진을 펼친다. 팽팽한 힘의 균형을 이룬 대치 상태, 조선 수군은 언제든 부산포로 밀려들 수 있었고 이는 왜 수군도 마찬가지였다.

차를 타고 한산일주로를 달리면서 처음 한산도에 상륙한 통제사를 연상해 본다. 그는 말을 타고 한산도 구석구석을 살펴보았을 것이다.

좌수사가 한산도 구석구석 홍철릭을 휘날리며 말을 달린다. 함선과 무기를 수리하고 총통을 제작할 보급진지는 섬의 남쪽 끝 평지가 적당해 보인다. 소나무가 울창해 목재 조달은 물론 여름 더위를 막아주는 이점이 뚜렷하다. 해안을 따라 이따금 펼쳐지는 평지는 잡초만 무성한 상태, 둔전의 후보지일 것이다. 다소 높은 지대에도 민가가 들어설 수 있는 평지가 눈길을 끈다. 소나무가 군데군데 군락을 이루고 있어 피난민의 정착지로 활용될 수 있다. 전함과 분리되어 어업에만 전념할 수 있는 포구도 넉넉하다. 산자락 아래에도 아직은 황폐한 논농사 후보지가 저수지 주변에서 말발굽에 어지럽게 찍혀 있다. 유량이 풍부하지는 않지만 작은 시냇물도 보인다. 곳곳에서 수원을 잡아내면 샘물을 팔 수 있다는 신호이다.

괭이갈매기가 한가롭게 날고 있는 한여름의 한산도 날씨는 푹푹 찌고 있다. 좌수사는 하루 종일 섬을 둘러보면서 먼저 장수들의 전략적 지혜를 모으는 운주당(運籌堂) 터를 지정한다. 수군진의 이동을 위한 출발점이었다.

이제 한산일주로를 돌면서 통제사의 이러한 구상이 한산도에서 어떻게 실현되었는지, 그 흔적과 자취는 무엇인지 돌아볼 시간이다.

(3) 한산일주로를 따라가는 5년 주둔의 흔적들

문어포마을에서 두억보건진료소를 거쳐 10여 분 만에 도착한 장작지마을은 민가 10여 채의 한가로운 어촌이다. 살짝 파인 장작지항을 소혈도 대혈도가 아늑하게 감싸고 있는 이곳은 전란 당시 수군이 진을 치고 해상 진법 훈련 등을 전개하던 장소다. 이순신 장군의 진도(陣圖)에 따라 거북선을 주축으로 학익진, 일자진, 장사진을 펼치던 조선 수군의 북소리와 함성이, 펄럭이는 깃발에 따라 요동치던 곳이다. 장작지(長作支)는 진작지(陳作支)에서 이 마을의 별칭인 장흥(長興)의 장자를 따라 불리게 되었다는 설명이다.

한산도 남단의 하포마을은 삼도수군통제영의 보급기지였다. 각 진영에 보급하는 군수물자가 집결되던 장소라는 것이다. 보급할 물자를 어깨에 매고 싣고 풀었다고 해서 멜개, 또는 하포(荷浦)라고 불리게 되었다. 토박이 지명인 '멸개', '멜개'는 멸치가 많이 서식하거나 어장을 형성해 멸치잡이가 성행했던 포구를 흔히 일컫는 말이다. 이 '멜'을 '물건을 어깨에 맨다'는 '荷'로 해석해 한자로 표기했고,

의암마을은 한산도 남단에 위치, 일조시간이 길어 군복을 빨고 소독하는 위생소 역할을 했다.

이것이 다시 군수물자를 하역하거나 운송했다는 의미로 둔갑했다고 보는 것이 타당하다. 경위야 어찌 되었든 전란의 와중에서 멸치잡이 포구가 군수물자의 집결지로 변신하게 된 것이다. 하포는 지금 새우잡이 배들이 성황을 이루고 있는데 김장 김치의 주 재료며, 건새우로 만들어 파는 '한산섬홍새우' 또한 하포마을의 특산물이다. 포구의 흰 등대는 'ㅅ'모양의 지붕을 덧씌워 동화 속 해변 난장이 주택을 연상케 한다.

  통제사에게 전란 내내 군수물자 보급은 가장 큰 숙제 거리였고, 하포는 그 짐덩어리를 떠안은 마을이었다. 전쟁은 거대한 물자의 준비와 이동과정이다. 준비 없이 전투를 치를 수는 없다. 화려한 승리의 영광은 한순간이지만 이를 뒷받침하는 보이지 않는 준비는 하루도 그칠 수 없다. 통제사가 한산도를 떠날 때, 후임 통제사 원균에게 넘겨준 군량미는 9,196섬, 화약 4,000근, 총통 300자루 등이었다.

전란 내내 숱한 무기가 만들어진 야소마을 역사 안내판. 이곳에서 통제사의 명검이 담금질 되어 검기를 받았을 것이다.

이 물자를 유지하고 관리하기 위해 한산도 주둔 내내 끊임없이 하포마을을 북적이게 했을 것이다. 통제사는 군영의 먹거리에 민감했다. 따라서 각 고을에서 군량미가 도착하면 반드시 되질을 다시 해서 정확한 수량을 파악하고 군사들에게 지급할 수 있는 기간을 가늠했다. 하루에 보급하는 '쌀 10홉, 1되'는 지독한 춘궁기에도 끊어질 수 없는 한산도의 생명줄이었다. 이와 함께 김과 미역, 전복과 물고기 등 해산물을 충당하기 위해서도 전력을 기울였고, 해산물이나 미역 등의 경우에도 늘 정확한 수량을 기재해서 관리했다. 청어 26만 마리, 숭어 2,000마리, 미역 99동 등 구체적인 수치를 난중일기에서 숱하게 볼 수 있어, 마치 알뜰한 주부의 가계부를 보는 느낌마저 받는다. 이 와중에서도 통제사는 가끔 술을 빚고, 적절한 시기에 잔치를 베풀어 군사들의 사기를 북돋아 준다. 통제사는 또 둔전 농사에도 직접 뛰어들어 가뭄이 들면, "어찌하면 살 수 있는가"라는 초조한 마음을 난중일기에 토로했다. 또 파종한 무씨가 말라버릴까 걱정하는 농부였고, 고기떼를 기다리는 어부였다. 장작지마을에서 통제사는 홍철릭을 입은 장수였지만, 하포마을 통제사는 농부이자 어부였다.

한산도 남단 중앙에 위치한 의암마을은 좁은 방파제길을 따라 민가가 가느다랗게 늘어서 있다. 모두 바다를 향한 이 집들은 남향 덕을 톡톡히 보는 지형상 이점을 누린다. 통제영 시절, 수군들의 군복을 짓고 수선하는 피복창이 있었다고 한다. 마을이 정남향이어서 어느 마을보다 일조시간이 긴데다 바닷가에는 거대한 바윗돌과 넓은 몽돌밭이 깔려있다. 여기에 수많은 군복을 빨아서 널어 말렸다고 해서 옷바위(依岩)라는 이름이 붙었다. 난중일기에 따르면 전란 내내 군사들은 전염병과도 사투를 벌였고 병영에는 벼룩과 이가 들끓었다. 의암마을은 이 군복들을 거둬들여 깨끗하게 세탁해서 남녘 햇살에 말려 되돌려주는 세탁소 겸 보건소 역할을 맡았던 셈이다. 의암마을에서 서쪽 방파제 입구 위로 '학교 속의 펜션'이라는 이색적인 간판이 눈에 띈다. 지난 2010년 폐교된 한산초등학교 하소분교이다. 책 읽는 소녀상과 거북선, 넓은 운동장에 자리한 한 동의 교사가 옛 시절의 흔적을 보여준다.

한산면사무소에 인접한 야소마을은 한산도의 중심가인 진두마을에 인접해 있다. 또 마을 뒤편에는 한산도 최고봉인 망산이 자리 잡고 있다. 사오십 년 전만 해도 '여시바위'가 있는 어두침침한 이곳 숲속에 여우 떼가 살았다고 한다. 날이 우중충하고 어두워지면 무리 지은 여우 눈이 밤길에 촛불처럼 떠다녀 지나는 사람들이 기겁했다는 이야기가 전해진다. 이 때문에 '야싯골', '야싯개'로 불리다 통제영 당시 각종 병장기를 제작하는 대장간인 풀무간을 설치, 이를 의미하는 한자인 야(冶)를 따서 야소로 일컫게 되었다. 오늘날의 군수공장이었던 만큼 한산도 시절 대장장이 태귀련과 이무생이 만들었다는 통제사의 장검 제작지도 이곳일 가능성이 높다.

한산면사무소가 있는 진두마을은 한산도의 다운타운이며, 다양한 포토존이 마련되어 있다.

추봉교에서 바라 본 진두마을의 모습. 산자락에 자리 잡은 한산초중학교가 보인다.

삼척서천 산하동색 (三尺誓天山河動色)

일휘소탕 혈염산하 (一揮掃蕩血染山河)

"석자 칼로 하늘에 맹세하니, 천하가 함께 움직이고,

한번 휘둘러 모조리 쓸어내니, 강산이 피로 물들었다."

천번 만번을 두드리고 수십 번의 담금질을 거쳐 음양의 조화를 담고, 이를 통해
헛된 기운을 쓸어버린다는 명검의 검기가 탄생한 곳이다. 지금은 무기 대신 시금
치가 특산물이다. 한산도 시금치는 해풍을 맞으면서 적당히 얼었다 녹는 과정을
되풀이하면서 생기는 자연 당도로, 달지 않으면서도 단맛이 나는 들큼한 맛으로
명성이 높다. 이른바 '한산섬거북시금치'는 자연이 담금질한 것이다.

진두마을은 한산도 북단으로 향하는 섬 모퉁이에 자리 잡은 명실상부한 한산
도 중심지이다. 면사무소, 우체국, 보건소, 농협 등이 밀집해 있고, 추봉도를 바라
보고 있다. 이 때문에 한산도와 추봉도를 연결하는 해협의 나루터 역할을 해왔으
며 임진란 당시에는 경비초소인 진두(陣頭)가 설치되어 통제영 본영과 한산도 남
서쪽의 각 해군 기지의 연락 및 해상 경비 임무를 수행했다는 유래를 지니고 있
다. 진두마을의 한자표기는 나루를 뜻하는 진(津)도 병행하고 있다.

진두마을의 진두 광장에는 보름달과 하트 모양의 포토존이 설치되어 있어 시
선을 금세 잡아끈다. 이 광장은 인근 한산농협의 공판장으로 활용되거나 때때로
한산도 특산물 직거래 장터가 열려 한산도의 육지와 바다에서 난 온갖 먹거리가
진열된다. 갑오징어, 게, 해삼, 각굴, 숭어, 전어, 간재미, 돌돔, 쥐치, 멸치 등 철 따
라 생산되는 해산물이 갓 잡아 올린 싱싱한 상태, 혹은 해풍을 맞으며 반쯤 마른
채로 좌판을 채운다. 여기에 콩이나 돌미역, 양파, 오이, 땅두릅, 방풍나물 등 주변

대고포와 소고포 마을은 소금의 생산기지로, 통제영 살림살이에 막대한 기여를 했다.

텃밭을 활용하거나 망산 등지에서 채취한 농작물까지 만날 수 있어 가히 한산도 먹거리 집합소가 된다. 때로 파전이나 두릅 전에 막걸리도 한잔 마실 수 있다. 이 모든 음식이 임진란 당시에도 애지중지 갈무리해 놓던 조선 수군의 전투식량이 었을 것이다.

진두마을을 나서 추봉교를 건너면 한산도 땅끝마을이다. 추봉도 초입 봉암몽돌 해수욕장은 까만 몽돌 사이로 넘실대는 푸른 바다와 검은 해변이 이질감 없이 어 울려 '자연'의 의미를 되새기게 한다. 이어지는 추원마을과 예곡마을 사이는 자연 을 거스른 인간 다툼의 현장이다. 6·25전쟁 당시 거제도에서 넘쳐나던 포로 1만 여 명을 분산 수용했던 곳이다. 예원마을 입구 언덕에는 폐교된 추봉분교 인근 지 역 일대가 포로수용소 터였다는 안내문이 곳곳에 들어서서, 인간 갈등과 부조화 의 역사를 담담히 전한다. 임진란과 6·25 전란의 고통이 외딴섬 구석구석까지 물 들인 것이다. 추봉도 끝자락은 곡룡포, 이른바 땅끝마을이다. 정겨운 벽화와 호수 처럼 잔잔한 바다를 보면서 무거운 전란의 기운을 잠시 털어낼 수 있다.

추봉도를 나와 처음으로 만나는 입정포마을은 삼도수군통제영 당시 전선들이 이 일대 해역을 초계(哨戒)하다가 잠시 입항하여 숨돌리던 포구다. 이 때문에 닻을 내린다는 의미로 입정포(立碇浦)로 불렸다. 이와 함께 우물 맛이 좋아 정화수로 사 용되고 가뭄에는 한산도 전역에 물을 공급했다고 해서 입정포(立井浦)라고 일컫기 도 한다. 포구는 만으로 아늑하게 둘러싸여, 초계 항진을 하던 척후선들이 긴장을 풀고 휴식하기에는 최적지로 보인다. 바로 마주 보이는 거제도는 왜군들의 소굴 이었기 때문이다.

창동(倉洞)마을은 삼도수군통제영 당시 3,000석가량의 군량미를 비축하였던 창고가 있던 자리여서 붙은 이름이다. 이른바 한산도 통제영의 곳간이었던 셈이 다. 한산도와 인근 일대의 둔전에서 거둬들인 군량이 여기에 집결되었다. 흉년에는 비어가는 곳간이 통제사의 가슴을 시커멓게 타들게 했던 곳이다. 다시 북진, 이제 한산도 허리쯤을 향한다.

유자도를 마주 보고 해안가가 아닌 뒷산을 향해 일렬로 마을이 들어선 장곡마을은 산림이 무성해 벌통을 많이 놓고 기른다는 벌통골을 비롯해 장곡본마을, 독암마을 등 세 개의 자연 부락으로 이루어져 있다. 용의 지혈을 타고난 명지로 전란 당시 망산 봉수대의 신호를 삼도수군통제영에 전달하는 당산 봉수대가 있었다고 '장곡마을 이야기'는 전하고 있다. 아마 벌들이 무성한 뒷산이었을 것이다. 장곡(長谷)은 골짜기가 길어 숯과 장작을 통제영에 공급하면서 붙은 이름이다. 이른바 한산도의 연료 공급원이다. 숯이 풍부한 독암마을에서는 통제영에서 쓰는 질그릇을 구워 공급하기도 했다. 전란 중이라고 해서 생활 물자가 불필요한 것은 아니다. 오히려 생활 물자에 더해 군수물자까지 동원되어야만 전란을 치를 수 있다. 이 모든 노력이 씨줄 날줄처럼 짜여 한산도를 정밀하게 조율하고 있었고, 그물의 정점에는 통제사가 있었다. 정신없이 바쁜 최고 사령관이었던 셈이다.

한산면 염호리 염포는 통제사가 소금을 구워 군수물자를 조달하던 군수산업 기지에 해당한다. 거인이 두 팔을 하늘로 뻗고 바위를 들어 내치려는 형세인 한산도에서 머리와 오른팔이 만을 형성하고 있다면, 어깨와 겨드랑이에 해당하는 곳(串)의 좌우에는 대고포와 소고포마을이 각각 자리 잡고 있다. 생필품인 소금의 생산은 당시 국가의 전매산업, 지금으로 치면 화폐를 찍어내는 것과 마찬가지다. 통제영에서도 둔전과 더불어 재정을 마련하는 주된 수단이었다. 그해 농사의 풍년과 흉년에 따라 다르지만 통상 소금 2석은 쌀 1석 정도와 교환되는 이른바 바다의 '백금'으로 여겨졌으며, 생산은 지금의 천일염과 달리 가마솥에 끓여서 얻어내는 자염(煮鹽) 방식이었다. 소금 굽는 '염한(鹽漢)'은 백성이나 수군 병사들로 충당되었다. 통제사는 을미년(1595) 5월에만도 장맛비가 주춤해진 17일, 19일, 24일,

바닷물을 끓이는 가마솥 주조를 연거푸 지시했다.

순백의 소금을 얻는 과정은 상당히 번거로웠다. 일단 갯벌의 염전에서 써레질을 하면서 염도가 아주 높은 개흙을 얻은 뒤 이를 말린다. 높은 염도지만 아직 갯벌의 흙이 섞여 있다. 여기에 바닷물을 다시 부어 짜디짠 함수를 추출하면서 개흙은 걸러낸다. 가마솥은 이것을 끓여서 마지막 불순물을 걷어내고 하얀 소금을 얻어내는 최종 공정의 필수품이다. 소금은 고열의 가마솥에서 볶아지면서 간수의 쓴맛이 사라진다. 하지만 희미하게 남은 쓴맛은 삶의 애환을 여전히 닮아 오히려 미각을 자극한다. 개흙만 충분하면 가마솥 하나에 몇 섬이 구워져 염전 주인과 염한에게 일정한 몫이 돌아가고 나머지는 통제영의 살림이 된다. 통제사는 난중일기에서 염한 가운데 강막지의 이름을 거론하며 그가 굽는 소금 맛이 으뜸이었음을 시사한다. 아마 짠맛과 쓴맛이 미묘한 균형을 이루었을 것이다. 두 마을에서 지금 염전을 찾아볼 수는 없다. 애초부터 염전은 없었기 때문이다. 소금물을 가마솥에서 펄펄 끓여 소금을 얻어내는 소금 공장 터였기 때문이다. 현재 대고포, 소고포 마을의 고(羔)는 염소와 양이라는 의미를 담고 있다.

대고포에서 제승당은 자동차로 10분이 되지 않는 거리다. 지금까지 거쳐 온 모든 마을을 전란 기간 내내 보호하고 지휘하면서 숱한 전쟁을 승리로 이끌어 온 삼도수군통제영이 코앞에 다가왔다. 이제, 통제사를 직접 만날 시간이다.

(4) 운주당과 제승당, 그리고 한산 수루와 우물, 활터 등에 얽힌 사연들.

제승당의 임진란 당시 이름은 운주당(運籌堂)이다. 군막 속에서 장수들의 지혜를 모아 전략을 세운다는 '운주유악지(運籌帷幄之)'에서 따온 말로, 주어진 운명(運命)이 아니라 운(運)의 흐름을 헤아려 승리를 창출한다는 현재 진행형의 수군 최고 사령부 회의 및 집무 공간이다. 장수들의 의견을 가감 없이 듣고 논의하고 부

한산도 우물, 뚜껑을 씌워 보존하고 있다.

충무공 정신
忠武公 精神

1. 멸사봉공의 정신
   滅私奉公 精神
2. 창의와 개척정신
   創意 開拓 精神
3. 유비무환의 정신
   有備無患 精神

제승당으로 가는 첫 관문인 '대첩문'

선착장에서 제승당으로 가는 바닷길은 해안 모양이 특이해, 일명 '하트길'로도 불린다.

충무사에 봉안된 충무공 영정, 단아한 선비의 모습이다.

한산도 제승당, 삼도 수군의 최고사령부가 전란 중 군사 전략을 논의하던 장소다.

단히 준비하면서 상황에 따라 신중한 결정을 내린 뒤, 예견된 승리를 쟁취하는 통제사의 성향을 잘 보여주는 이름이다. 제승당(制勝堂)은 칠천량 해전 패전 이후 폐허가 되었던 운주당 터에 영조 15년(1739) 107대 통제사 조경이 '승리를 이끌어낸다'는 의미로 지은 것이다. 통제사가 전란 기간 중 살아온 삶을 한마디로 압축한 느낌이다.

제승당 선착장 매표소와 관광안내소를 지나 모퉁이를 돌면 바다를 끼고 제승당으로 가는 길이 조성되어 있다. 주변은 판옥대선을 만들던 주된 자재 적송의 집단 군락지이다. 지금은 도처에 동백도 무성하다. 겉껍질에 붉은색이 도는 적송은 벌레가 먹지 않고 잘 썩지도 않으며 대패질을 하면 윤기가 돌아 색을 입히기도 용이하다. 해수면과 맞닿은 부분은 주기적으로 연기로 그을려 바닷물로 인한 부식을 막았다. 한산도 망산 일대도 적송이 덮고 있다.

제승당으로 가는 길은 바다와 이룬 경계가 마치 하트를 연상케 해 일명 '하트길'로 불린다. 이곳에서는 바다 건너 문어포마을에 우뚝 서 있는 한산대첩기념비가 아스라이 조망된다. 길가에는 '한산도가'와 '한산도야음'이 바위에 새겨져 있다. 한산도 야음은 주둔 당시 왜군과 대치하면서 한산도 살림살이를 꾸리고 나아가 조정의 정치적 소용돌이에 맞서야 했던 통제사의 심정을 잘 압축해 보여준다.

"한바다에 가을빛 저물었는데,
찬 바람에 놀란 기러기 높이 떴구나.
가슴에 근심 가득 잠 못 드는 밤,
새벽달 창에 들어 칼을 비추네."

한산수루에서 본 남해, 통제사는 이곳에서 회한에 잠긴 시간을 자주 보냈다.

'하트길'이 끝날 무렵 한산도 우물이 처음 나서서 그 시절의 모습을 증언한다. 한산도에 통제영을 세우고 1,340일 동안 머무는 내내 군사들의 생명수였던 곳이다. 바다에 가깝지만, 짠맛이 전혀 없다고 한다. 난중일기에도 우물 이야기가 군데군데 적혀 있다. 특히 병신년(1596) 2월에는 이 우물에서 부엌까지 수로로 연결하는 작업을 통제사가 직접 주도한다. 샘에서 물을 길어 수로에 부으면 부엌까지 흘러가는 구조로, 통제사의 섬세한 성격이 잘 드러난다. 그해 8월 한산도에서 시행하는 무과 별시를 준비하기 위해 조카와 아들들이 한산도를 찾았고, 통제사는 앳된 나이의 셋째아들 면과 함께 훈련을 마치고 우물가에서 점심을 먹었다. 그리고 이듬해인 정유년(1597) 한산도가 왜군에게 점령되고 아들 면의 전사 소식을 듣는다. 통제사에게 그 우물이 아픔과 회한으로 다가왔을 법한 애틋한 대목이다.

제승당의 첫 관문인 대첩문은 두 명의 조선 수군 모형이, 코로나 기간에는 한때 마스크까지 쓰고 지켰다. 그리고 야트막한 언덕길과 계단을 올라 충무문에 들어서면 제승당이 시작된다. 통제사의 영정이 모셔진 사당과 당시 삼도수군통제영의 최고사령부를 재현한 제승당, 여기에 수루와 활터인 한산정 등이 충무문 좌우로 펼쳐진다. 오른편이 관람지라면 왼편 홍살문을 넘어서부터 사당이자 참배소이다. 외삼문과 내삼문을 거친 충무사에 충무공 이순신의 영정이 봉안되어 있다. 좌우의 벽면을 두른 병풍과 향불을 피우는 향로는 숙연함을 자아낸다. 징비록의 묘사대로 무인보다는 단아한 선비의 모습이다. 영정 주위를 가득 채운 병풍에서 통제사의 필적을 느낄 수 있다. 성웅(聖雄)의 칭호를 듣고 있지만 전란 내내 누구보다 많은 고뇌와 고통, 아픔 속에 살다 마침내 전란의 흐름을 뒤집어 놓고 마지막 승전일에 산화한 분이다. 화려한 승전보 뒤에 감추어진 '깊은 시름'과 '애를 끊는 아픔'을 그 유명한 '한산도가'에 담고, 이를 홀로 고스란히 감당해 온 인간 이순신의 영정이다.

내삼문 좌우에 자리한 '제승당정화기념비'와 '제승당유허비'에서 제승당의 역사를 확인할 수 있다. 영조 15년에 제승당이 다시 세워졌고 현재 제승당은 1976년 지어진 것이다. 전란 당시 운주당의 모습은 자취를 감추었지만, 통제사의 운주당은 영원히 사라지지 않을 것이다. 조형물은 그저 정신을 담는 그릇일 뿐이기 때문이다.

제승당에는 통제사가 수루에서 승리를 기원하는 '애국충정도'를 비롯해 해전도와 진중 생활도, 총통 등이 전시되어 있다. 또 현재의 제승당 현판은 통제사 조경, 제승당 내부에 보관된 거대한 현판은 140대 통제사 김영수의 친필이라는 사실도 알 수 있다. 제승당 한 편에는 전사한 통제사의 정신을 기리기 위해 명나라 황제 신종이 전달한 도독인, 호두령패, 귀도, 참도, 독전기, 홍소령기, 남소령기, 곡나팔 등 명조팔사품 8종 15점의 그림을 그린 병풍이 서 있다. 이는 통제사에게 감화된 명나라 수군 도독 진린이 주청한 결과로 타국 장수를 향한 최상의 예우이다. 이곳에서 통제사는 장수들과 숱한 작전회의를 열고 화점 한산도를 기반으로 왜군의 숨통을 졸라 전란에 종지부를 찍기 위해 골몰했다.

난중일기에 따르면 바닷길을 지키는 수루(戍樓)에도 숱한 이야기가 얽혀 있다. 통제사는 정치적인 고뇌와 개인적인 애환이 있을 때 수루를 곧잘 찾았다. 시름을 달래며 새로운 각오를 다지는 매우 특별한 공간이었다. 통제사는 마음만 먹으면 전쟁에서 승리하는 신이 아니다. 질병과 싸우면서 출전을 준비하고 굶주림과 맞서 왜군의 침입을 대비하며, 삼도 통제영의 수군을 교차로 한산진에 불러 훈련하면서도 중앙 정치인들과 대립각을 세우는 고단한 시간 속에서 전쟁을 치렀던 것이다. 가뭄이 들다 비가 내리면, 이 비를 흠씬 맞으면서 수루에서 기뻐했고 군사들이 출항한 뒤 폭풍우가 치면 수심에 가득 차 서 있었다. 병신년(1596) 3월 통제사는 빗발이 오락가락하는 가운데 홀로 앉아 시름에 젖었다고 토로한다. 머리와

한산정 활터는 계곡 바닷물을 가로질러 과녁을 맞추도록 만들어졌다.

옷이 모두 젖은 것도 모르고, 상념에 빠져 내항으로 향하는 좁은 포구 너머 봄비로 어두워진 외로운 섬을 하염없이 바라보았다. 쓸쓸한 소나무 한 그루와 외로운 섬만큼이나 고단한 시기였다. 이 모든 피와 땀과 눈물과 노력이 조금씩 더해지면서 유성룡이 징비록에서 예찬한 군신(軍神)으로 거듭난 것이다.

한산수루는 을미년(1595) 9월 녹도 하인이 실수로 불을 내서 대청과 다락이 모두 타버렸다. 다락 위에 보관하던 장전과 편전 200여 개도 소실되었다. 당시 수루에는 다락을 마련하여 무기를 보관하고 있었다. 통제사는 수루를 아예 확장하도록 목수들에게 지시한다. 기둥과 서까래가 마련되자 수루를 짓는데 포로로 잡힌 왜군을 동원한다. 그해 10월 난중일기로 다음 상황을 재구성할 수 있다.

통제사는 일단 김덕령이 무사히 귀환했다는 사실을 확인한 뒤 별다른 반응 없이 누각 세우는 일에만 전념한다. 누각을 짓는 일이 급속도로 진행되었다. 2일에는 대청에 대들보가 서면서 서서히 뼈대가 만들어졌다. 이날 대장선을 연기로 그을려 목재의 부패를 막고 방수하는 작업도 이어진다. 통제사는 빠짐없이 관리하고 일일이 지시한다. 5일에 이르러서는 용마루 대에 서까래가 이어졌다. 지붕이 모습을 드러내면서 골조가 완성된다. 목재를 다듬고 깎는 일은 조선 목수의 몫이지만 이를 옮기고 세우는 일에는 왜병이 동원된다. 또 서까래와 지붕 사이에 흙을 채우는 치받이도 왜병의 몫이다. 왜말에 능한 공태원이 통제사의 지시를 받아 왜병들을 부렸다. 12일에는 서쪽에 행랑이 들어서고 13일에는 대청에 흙이 붙여진다. 지붕이 엮이면 완성되는 사실상 마무리 단계, 통제사는 거의 매일 왜병을 불러내 일을 시켰다. 적진의 망루를 짓는 왜병의 심정은 어떠했을까. 하지만 놀랍게도 이들은 일에 열중한다. 대청에 흙을 바르는 모습이 마치 제집을 짓는 듯하다. 한 치의 틈과 균열도 허용하지 않는 애정과 열의가 묻어난다. 창조하고 만드는 일은 국경을 뛰어넘어 인간이 타고난 놀이 본성일 것이다. 통제사는 16일 새로 지은 다락방에서 회의를 주재했다. 그리고 그날 밤은 다락방에서 잠을 잔다. 통제사와 애환을 같이 할 한산도의 두 번째 누각은 이렇게 보름여 만에 완성되었다. 통제사의 설계와 목수들의 솜씨, 왜병의 노동력이 결합한 전란의 상징물이었다.

지금의 한산 수루에 서면 멀리 한산도 북단과 통영이 감싸 안은 푸른 바다가 한눈에 펼쳐진다. 자연 암초에 세운 하얀 거북등대와 섬, 여객선과 어선이 떠다니는 평화롭고 고즈넉한 풍경도 연출된다. 수루 왼편에는 이순신 후손으로 선정을 베푼 삼도수군통제사 공덕비 여섯 기가 안치되어 있다. 통제사를 시작으로 조선 해군의 명문가를 일군 것이다.

수루가 바닷길을 지키고 때때로 상념에 젖게 하는 정적 장소라면, 활터인 한산정은 무인의 자질을 수양하는 동적 공간이다. 통제사에 얽힌 활쏘기 일화는 숱하게 전해진다. 그는 틈이 생기면 늘 활터를 찾았고, 해전이 전개되면 직접 적병을 향해 화살을 날리는 명궁이었다. 활쏘기는 임진년(1592) 1월 일기부터 등장하는데, 장수와 병사들의 활쏘기 대회도 자주 열어 전투력을 높이고 그 결과에 따라 잔치를 베풀거나 포상해서 군기를 북돋웠다.

한산정 활터에서 과녁까지는 150m 남짓한 거리다. 그 사이에는 바닷물이 흐르는 계곡이 놓여 바닷바람이 오간다. 실전과 유사한 연습장이다. 시시각각 변하는 거센 바닷바람을 맞아 화살이 위태롭게 휘어져 날면서도 종국에는 과녁에 명중했을 것이다. 전란 초기 순박한 어부이자 농부였던 조선 수군은 해가 거듭되면서 강군으로 거듭났기 때문이다. 조선 수군의 총통과 화살은 왜선과 왜군을 향해 자석처럼 빨려 들어가 수군 승전보를 알린 주역들이다.

제승당 선착장에서 제승당과 반대 방향으로 조금만 걸으면 '한려해상바다백리길' 표지를 볼 수 있다. 이 길은 덮을개와 대촌삼거리를 지나 망산에 오른 뒤 야소나 진두마을로 가는 한산도 종주 코스이다. 거리는 7km 남짓하고 정상까지 느릿느릿 걸으면 두 시간 남짓 소요된다. 한려해상국립공원에서 걷기 좋은 길로 지정한 바다백리길 다섯 곳 중 2구간으로 '역사길'로도 불린다. 군사도시 통영의 유래라든지, 한산대첩의 의의와 같은 안내판을 읽으면서 산행할 수 있다. 해발 293.5m인 망산은 '섬에 자리 잡은 산'의 이점을 고스란히 갖추고 있다. 그리 높지 않은 정상에 오르는 수고를 기울이고도 통영과 거제는 물론 용호도, 죽도, 장

한산섬 달 밝은 밤에 수루에 혼자 앉아
큰 칼 옆에 차고 깊은 시름 하는 차에
어디서 일성 호가는 남의 애를 끊나니

한산수루의 한산도가, 외롭게 한산도를 지키던 통제사의 애달픈 심정이 압축되어 있다

사도, 대덕도, 매물도 등 사방의 바다와 육지를 조망하는 특권을 부여하기 때문이다. 전란 당시 망산의 망루는 왜선의 동태를 파악하는 기지 역할을 하였다. 이곳에는 체찰사 이원익과 통제사의 깊은 우정과 신뢰가 얽힌 일화가 전해진다.

이원익은 60여 년 관직 생활 중 40년 동안 정승을 지냈지만, 초가집이 비바람을 가리지 못한 청백리이며, 유성룡의 지기(知己)이자 이순신의 절대적인 지지자였다. 이순신이 한양으로 압송당하자 "원균은 안되고, 이순신이어야 한다."고 직언했고, 유성룡이 탄핵을 받고 물러나자 동반 사직을 청했다. 이원익은 왕명을 받아 병영을 시찰하고 군사작전을 감독하는 체찰사의 신분으로 을미년(1592) 8월 진주성을 거쳐 한산진에 도착한다. 중앙의 권신이 소박한 시골 양반의 옷차림에 행장을 손수 지고 다녔다. 그는 이후 이순신이 백의종군 길에 모친상을 당하자, 소복을 입고 죄인 이순신에게 문상한 인물이다. 체찰사와 한산도의 인연은 이렇게 전해진다.

27일 체찰사 이원익은 수군 진영에서 잔치를 베풀었다. 중앙 관리의 행차는 백성의 입장에서야 늘 대접해야 하는 부담 거리에 불과했다. 반면 빼앗아 가기만 하던 조정의 권신이 병사들에게 베푸는 잔치는 생소했다. 군사 5,480명에게 음식과 술이 차려진다. 아마 통제영에서도 보탰을 것이다. 조정이 자신들의 공로를 인정해 준다는 사실만으로 병사들이 감격한다. 이날 술자리에서는 한양에서 떠도는 이런저런 이야기가 안줏거리로 회자 된다.

"조정에서 속일 수 없는 두 사람이 있는데 하나는 유성룡이고, 또 하나는 이원익이다. 유성룡은 속이고 싶어도 도저히 속일 수 없고 이원익은 속일 수 있어도 차마 속일 수 없다."

유성룡의 총명함에 이원익의 넉넉한 인품이 대비된다. 통제사와 이원익은 이날 한산도의 망루 역할을 하는 상봉에 올라 주변 해역을 살펴보고 있었다. 통제사는 한산진 수로와 인접한 육지를 손가락으로 하나하나 가리켰고 손끝을 따라 시선을 돌리는 이원익의 표정은 진지했다. 잔치를 벌이던 병사들에게 남해의 외딴섬 상봉에 서 있는 우의정과 통제사의 풍경이 깊은 감동을 주었던 모양이다. 이날부터 한산도 최고봉은 병사들 사이에서 한순간에 정승봉으로 통했다. 한밤중에 이들은 헤어졌다. 다음 날 새벽부터 누각에서 회의가 한창이다. 여러 장수들이 체찰사에게 수군의 현실적인 문제를 거침없이 토로한다. 이원익은 불편한 이야기를 편하게 끄집어낼 수 있는 재주를 가지고 있어 수군진의 많은 이야기가 거리낌 없이 오갔다.

    망산에서 야소나 진두마을로 하산 거리는 2.5km 안팎으로 엇비슷하다. 정자에서 한숨 돌리고 데크의 벤치에서 쉬엄쉬엄 내려오며 이름 모를 야생화가 세상에 구애받지 않고 제 마음대로 피어난 우거진 숲길을 즐길 수 있다.

    제승당을 비롯해 한산도를 둘러싼 마을, 그리고 망산까지 한산도 곳곳에는 크든 작든 통제사의 흔적이 녹아 있다. 삼도수군통제영을 꾸리고, 전란을 끝내기 위한 그의 몸부림이 한산도 전체를 하나의 유기적인 그물처럼 엮어 수군의 전략 기지로 재탄생시켰기 때문이다. 그 핵심에는 제승당이 있었다. 그리고 정유년(1597) 2월 26일 포박된 통제사가 한산도를 떠나면서 한산진은 걷잡을 수 없이 무너져 내렸다.

(5) 한산 포구, 죄인 이순신 조각배에 실려 한산도를 떠나다

    이 모든 노력이 물거품이 될 수 있음을 알리는 전조였다. 조선 수군의 최고 사령관은 이순신이었지만, 유성룡이 '필부(匹夫)'라고 질타한 선조가 전란의 최고 결정권자였다. 여기에 현실을 제대로 들여다보지 않는 정치인들의 탁상공론이 자충수로 변질하면서 수년에 걸쳐 한 올 한 올 어렵게 구축한 막강 조선 수군이 하루아침에 허망하게 사라진다. 화점의 돌이 뽑혀 나갔고 세포핵이 사라졌기 때문이다. 우하귀에 틀어 막혔던 왜 수군이 요동치며 견내량을 건너 조선 수군을 와해시키는 비극이 초래된 것이다.

    드라마나 영화에서 통제사가 서울로 압송되는 장면에 죄인을 가두고 황소가 끄는 함거가 등장한다. 하지만 통제사는 수의를 입고, 상투를 풀었겠지만 아마 금부도사, 나장과 더불어 조각배에 의지해 그토록 애지중지하던 한산도를 떠났을

것이다. 죄인을 압송하는 행렬이 사천의 한 포구에서 내렸는지, 아니면 서해를 돌아 한강을 거슬러 곧바로 한양에 이르렀는지는 알 수 없다. 하지만 후자의 경우가 더욱 유력하다. 여전히 일본 육군이 곳곳에 도사린 육로를 구태여 택할 필요가 없기 때문이다. 다만 수많은 백성들이 통곡하는 가운데 한산 포구에서 통제사가 탄 조각배가 떠났음은 분명하다. 야소마을, 장작지마을, 진작지 마을, 염포의 염한들, 피란민들은 조선 수군이 공정하게 운영하는 둔전과 염전에서 전란 통에 생계를 이어갔고, 이들에게 통제사는 생존과 생계의 은인이기 때문이다. 그들이 자아낸 눈물과 감동이 지금도 한산도 곳곳에 스며들어 숱한 신화와 전설과 이야기를 지금까지 세대의 징검다리를 통해 전해준다. 한산도는 그래서 여전히 통제사가 살아있는 섬이다.

제승당에 그려진 애국충정도. 오롯이 홀로 감당할 수밖에 없는 전쟁의 긴박함이 통제사를 막막한 외로움 속으로 내몰았을 것이다.

10

칠천도(七川島)

조선 수군의 붕괴와 전란 속에 신음하던
백성 '도치' 이야기

10. 칠천도(七川島)
- 조선 수군의 붕괴와 전란 속에 신음하던 백성 '도치' 이야기

　　　　　　　　　　　　　　칠천도(漆川島)는 옻나무가 많고 바다가 맑고 고요한 섬이라는 의미다. 현재는 섬에 7개의 강이 있다고 해서 칠천도(七川島)로 불린다. '난중일기'에는 온천도(溫泉島), 칠천도(漆川島)로 기록된다. 임진년(1592) 7월 당시 전라좌수사였던 이순신은 한산해전을 승리로 이끈 뒤, 칠천도에 정박해 휴식하며 전열을 가다듬고 다음 날 안골포로 출전한다. 동진해서 거제 북단을 돌면 곧바로 가덕을 바라보는 요충지였기 때문이다. 또 거제와 칠천도 사이의 바다는, 말 그대로 맑고 고요해 함대가 정박해 전열을 가다듬기에는 최적의 장소였다. 하지만 긴장을 늦추고 쉴 수 있는 장소는 공격받기도 쉽다는 의미를 동시에 내포한다. 그곳이 여우 굴이라면 두말할 나위도 없다.

　흔히 칠천도 어온리 물안마을과 거제도 사이의 해협을 임진왜란 중 조선 수군에게 가장 비극적이었던 칠천량 해전이 벌어진 장소로 지목한다. 2000년 가설되어 거제와 칠천도를 연결하는 칠천교에서 바라보면 북쪽이며, 다리를 건너 좌회전한 뒤 2km 남짓 섬의 남단을 끼고 돌면 칠천량해전공원에 도착할 수 있다. 거제 포로수용소와 더불어 남도의 대표적인 '다크투어리즘' 장소로 꼽히고 있다. 아

'칠천의 메아리' 주인공인 도치가 왜군 탄환에 맞아 전사하는 모습을 형상화하고 있다.

픈 역사를 회피하지 않고 정면으로 응시하고 담담히 여유롭게 받아들이자는 다크투어리즘은, 전쟁 같은 일상을 살아가는 현대인들을 위로하고 용기를 주는 한 가지 방식이 될 것이다. 그런데 칠천도에서 만난 한 가상의 조선인 '도치'는 어두운 역사 속에서 현재를 살아가는 민초들의 삶이 얼마나 절망적이었을지를 상상하게 해 준다. 욕망과 탐욕이 집단화되어 맞붙는 전란 터에서 한 개체는 자신이 설 자리나 삶을 고집할 수 없다. 집단이 무너지면 개체도 생존을 위협받기 때문이다. 그래서 모든 전쟁은 승패를 중심으로 묘사된다. 역사서의 활자는 전란 속에 내던져진 채 한스럽게 파멸해가는 개체의 삶과 거기에 동반되는 고통과 절망을 찍어내지 못한다. '도치'는 이 부분을 끄집어내고 있다.

  칠천량해전공원 관람 동선은 모두 8막으로 구성되어 있다. '역사의 메아리, 임진왜란 속으로'에서 시작되어 칠천도 언덕에서 평화롭게 하늘과 바다를 바라보는 어린아이의 조형물인 '평화의 바다'로 매듭된다. 이 중 제6막 '칠천의 메아리'는 한 영상을 통해 칠천량 해전 속으로 관람객을 끌어들여, 영화가 끝나면 추모객으로 변모시킨다. 전쟁에 지원하면 면천을 시켜준다는 말을 듣고, 자신의 아이만은 노비로 만들고 싶지 않아 출전했던 아버지 '도치'가 그 주인공이다. 실제로 임진란이 발발하자 조정에서는 사노비가 왜군의 머리 3개를 베어 바치면 무과에 급제한 것으로 보고, 홍패를 나누어 주었을 정도로 절박한 상황이었다. 도치에게는 사랑하는 아들과 부인이 있었으며, 칠복이라는 친구가 고달픈 병영생활의 든든한 동반자로 설정된다. 그리고 칠복이 칠천량에서 먼저 전사하고 끝까지 항전하던 도치 또한 왜군의 조총에 희생된다. 그 아내는 포구에서 망부석이 되었을 것이다. 함께 관람하던 초등학생 딸아이가 도치에게 아버지에 대한 감정이 이입되었는지 눈시울을 붉혔던 기억이 생생하다. 도치 이야기는 허구지만 역사적 실재이다. 정유년(1597) 여름, 통제사 이순신의 피땀 어린 노력이 한순간에 물거품으로 변한다.

7월 4일 도원수 권율의 출정 압박을 견디지 못한 원균이 한산진 수군 전 부대 동원령을 내린다. 판옥선과 거북선 등 2백여 척에 이르는 대규모 선단이었다. 바람 한 점 없는 한여름의 무더위 속에서 격군들은 오로지 노의 힘에만 의지해 동쪽으로 항진을 거듭한다.

함대는 칠천량과 옥포를 거쳐 7일 다대포 해상에서 첫 교전을 벌인다. 왜대선 8척은 함포사격이 시작되자 서둘러 정박한 뒤 육지로 도주했다. 요구금을 던져 왜선을 포구에서 끌어낸 조선군이 이를 모두 불태운다. 여전히 강건한 조선 수군이었다. 함대가 부산 절영도로 향하면서 오랜 항해로 격군들이 지쳐 전열이 조금씩 흐트러진다. 13일 저녁 무렵 절영도에 이른 조선 함진 주위를, 왜선은 수십 척 단위로 무리 지어 일정한 거리를 두고 빙빙 돌며 부산포 방향으로 유인할 뿐, 본격적인 전투는 꺼린다. 이때부터 조선 함진은 끊임없이 밀려오는 거센 풍랑과 밤새 사투를 벌인다. 격군의 피로도가 한계에 이르러 결국 함대가 기동력을 잃었다. 원균은 전임 통제사 이순신이 5년이 넘도록 기록한 남해안의 기상을 왜 자신에게 넘겨주었는지 비로소 깨달았다. 갈증과 더위, 배고픔에 더해 열흘이 넘는 노 젓기에 함대가 제어력마저 상실, 풍랑에 이끌려 여기저기로 난파되고 낙오한 6척은 서생포까지 흘러들었다. 육지에 내린 조선 수군에게 매복한 왜군의 조총이 불을 뿜는다. 조선 함대의 동선을 모두 파악하고 있었다. 숲속으로 도망친 노비 세남만이 힘겹게 살아남아 희미한 여명 속에서 이순신이 종군하고 있는 합천으로 달려갔다.

14일 새벽까지 풍랑이 지속되자 함진이 결국 무너지고 20여 척의 판옥선이 유실되었다. 부산포 공격은 엄두도 내지 못할 상황이다. 더구나 빠르게 기동하는 왜선들은 여전히 조선 수군 주위를 맴돌며 침묵을 지켜 공포감을 조성한다. 대장선에 오른 퇴각기에 따라 두서없이 뒤엉킨 함대가 다대포를 지나 가덕에 이르자, 원균이 일부 함대의 정박을 명령한다. 함대를 정비하고 부족한 식수를 채우려는 조선 함대를 높은 능선마다 배치된 왜 척후병이 파악하고, 가덕 포구 인근 시냇가에 조총병 수천 명을 매복시킨다. 포구에서 내려 시냇물을 찾아 계곡에 내려온 조선 수군에게 총탄이 빗발친다. 골짜기 일대가 순식간에 시신으로 덮이고, 시냇물이 붉게 흐른다. 완전한 무방비 상태에서 어이없는 기습을 허용, 500여 명 중 겨우 100여 명만이 병장기를 버린 채 골짜기에서 빠져나와 포구에 정박한 판옥선에 승선한다. 판옥선에서 화살과 편전으로 응사하자 왜군이 공세를 접고 퇴각한다. 갑판이 높은 판옥선은 쉽사리 도선을 허락하지 않아 승산이 없었다. 이때까지만 해도 왜 수군은 멀찌감치 척후선만 띄우고 있었다. 14일 저녁 함대는 칠천도 앞바다에 정박했다. 견내량을 지나 한산진으로 향하는 회항 길의 중간 기착지로 삼은 것. 이때 도원수부에서 보낸 경쾌선이 빠르게 대장선에 접근해 한 군관이 권율의 격서를 보여 원균을 소환해 갔다. 수군 전투에 대한 궁금증을 이기지 못하고, 고성 해변에 주둔해 있던 권율은 수군의 무질서한 퇴각을 보고 받으면서 불같이 화를 낸다. 조선 수군이 판옥선 20여 척을 망실하고, 400여 명이 전사하는 임진년 이래 최초의 패배를 기록했다. 더구나 본진은 칠천량까지 회항, 왜군의 기세를 높여 놓았다.

"국가에서 너에게 높은 벼슬을 준 것이 한낱 너의 부귀를 위한 것이냐?"

원균을 형틀에 묶은 뒤, 곤장을 쳐서 돌려보냈다. 권율은 여전히 분기를 누르지 못한다.

한밤중에 수군진에 돌아온 원균은 곧바로 술을 찾았다. 함진을 한산도로 물리면, 또 한 번 곤욕을 치를 것이고, 그렇다고 왜군을 향해 공격할 엄두도 내지 못할 궁색한 처지에서 함대를 칠천도 깊숙한 외줄포에 가두어 놓은 채, 밤부터 15일 새벽까지 술을 퍼마시다 인사불성이 되었다. 전라우수사 이억기, 충청수사 최호, 조방장 김완 등이 잇따라 원균을 찾았지만 만날 수가 없다. 수심이 얕고, 거제 북단에 가로막힌 협수로에 함대의 본진을 놓아둘 수는 없다. 하지만 주장 명령 없이 함진을 움직인다면 항명에 버금간다. 밤새 무방비로 방치된 함대는 일본 수군이 알아채지 못하기를 빌 뿐이었다.

한밤중에 도도와 시마즈가 지휘하는 수백 척의 왜선들이 칠천도 서쪽의 형도와 칠천량 동쪽 일대를 덮었다. 형도로 돌아나간 함선들은 조선 함대가 한산진으로 향하지 못하도록 견내량 입구를 틀어막았다. 동쪽 일대를 뒤덮은 왜선들 사이에서 소형 세키부네인 고바야 부네(小早船·소조선) 수십 척이 빠르게 기동, 판옥선 사이사이에 붙는다. 조선 수군의 척후선은 보이지 않았다. 판옥선 갑판을 향해 불화살과 횃불이 동시에 날아오르며 개전을 알린다. 칠천량 동쪽에 포진한 왜수군이 일제히 조선 수군의 머리를 압박해 들어온다. 다닥다닥 붙은 조선 수군은 함포의 사격 거리를 잃고 일방적으로 내몰렸다. 왜 수군이 판옥선을 차곡차곡 불태우며 동쪽 진영을 짓눌러, 서쪽으로 내몬다. 조선 함대가 좁은 내해를 빠져나오자, 칠천도 서쪽에 진을 펼친 왜선이 다시 먹잇감을 몰이하듯 막다른 수로인

칠천량 해전에서 불타는 판옥선을 재현한 조형물

춘원포 방향으로 몰아간다. 도선을 허락한 판옥선은 잇따라 불타면서 침몰했고, 마침내 거북선의 철 갑판을 뚫고 거대한 불기둥이 솟아오른다. 거북선의 용머리가 서서히 물에 잠긴다. 지휘체계를 상실한 조선 수군은 변변한 대항조차 못 하고, 판옥선을 속절없이 내주며 춘원포까지 일방적으로 쫓겼다.

원균은, 주력함대의 전열을 가다듬어 반격에 나서자는 장수들의 제안을 들은 척도 하지 않고, 새벽 무렵 대장선을 버리고 춘원 포구에 상륙해 허겁지겁 도주했다. 그나마 항전에 나섰던 조선 수군이 아예 전의를 상실하고 살길을 찾아 나선다. 해안가는 퇴각하는 조선 수군과 이들을 뒤쫓으며 학살하는 왜병으로 가득 메워진다. 수군과 격군이 빠져나간 판옥선은 포구에서 모조리 불타올랐다. 도주하던 원균이 힘이 빠져 소나무 아래에 주저앉았다. 부축하려던 부장과 군관들이

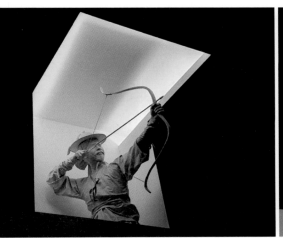

칠천량해전공원에 있는 조선 수군과 왜병(좌·우)의 조형물

급박하게 밀려드는 창검을 피해, 주춤주춤 원균 곁을 떠났다. 판옥선을 모조리 불태워 승기를 굳힌 왜군은 춘원포에 대거 상륙해 과감한 추격전을 전개했다. 왜군 10여 명이 원균이 주저앉은 소나무를 포위, 창검의 섬뜩한 날이 소나무 주위에 내리꽂힌다.

임진년 6월 당항포 해전 이래 이순신을 도와 숱한 공을 세웠던 전라우수사 이억기는 대장선에서 최후까지 항전하다 전사했다. 바다를 새까맣게 덮은 왜군의 도선을 막을 도리가 없었다. 충청 수사 최호도 전사했다. 사천해전에서 단기로 해안에 상륙했던 조선 수군의 맹장 조방장 김완이 포로로 잡혔다. 조선 수군 사령부가 무너졌다. 2만여 명의 수군 중 절반가량은 육지로 도주했으나 나머지는 불타는 판옥선과 함께 칠천량과 춘원포 앞바다에 수장되었다. 조선 수군이 사실상 붕괴한 날이다.

혼전 중 경상우수사 배설이 12척의 판옥선을 이끌고 춘원포 항로를 버리고, 형도를 중심으로 포진한 왜 서군의 포위망을 가까스로 벗어나 서쪽 견내량으로 빠진 뒤 한산도를 향한다. 배설은 한산진 본영의 양곡과 병기를 불사르고, 백성들을 피란시켰다. 한산진의 함락은 시간문제인 상황에서 나름 합리적인 대처였다. 이어 배설은 한산진을 나와 12척의 배를 노량으로 후퇴시킨다. 조선 수군이 남해안 일대에 대한 제해권을 상실했다. 한양을 중심으로 부챗살처럼 펼쳐진 경상 좌우, 전라 좌우, 충청 수영의 핵심 전력이 모두 불살라졌고, 부채는 사북 자리조차 남지 않고 불타버렸다.

18일 합천에서 소식을 들은 이순신은 굵은 눈물을 흘리며 한동안 통곡한다. 뼈를 깎고 살을 에는 고통 속에서 이날 오후 실낱같은 수군의 재기 가능성을 찾아 삼가현으로 길을 잡았다. 해양 버팀목이 처음 부러지면서 전란은 지금껏 경험하지 못한 새로운 국면으로 접어들었다.

도치는 칠천량 해전에서 전사한 숱한 조선 수군을 상징하는 인물이다. 험난한 시간을 살아간 선인 한 명, 한 명의 처절한 삶이 뭉뚱그려 녹아 있다. 벽초 홍명희의 '임거정'에서 도적소굴인 청석골 원주인인 오가의 이름이 오개도치이다. 개, 돼지라는 의미이다. 노비 도치의 고달픈 삶, 아들에게 물려주고 싶지 않은 서러운 삶이 이름에서부터 시작된다.

칠천량해전공원은 고달픈 조선 수군의 힘겨운 병영생활과 끊임없이 전시 군역과 부역에 시달리는 백성의 고통을 고스란히 전한다. 다크투어리즘은 여행자를 중점으로 설계된 단어이다. 그런데 '다크'와 '투어리즘'을 분리해서 '다크'에 집중해 본다면, 역사 속 당대의 삶은 상상하기조차 어려운 끔찍한 것이다. 도치의 부인과 아이, 나아가 전란 속에서 부모를 잃고 더 이상 이별할 가족조차 없어 슬퍼할 기회마저 사라진 임진란 고아들은 어떻게 살아갔을까, 칠천도는 전쟁의 이면

2023년 완공되는 '씨릉섬 출렁다리'는 칠천량 앞바다를 공원으로 변화시키는 교두보이다.

칠천도 옥계마을회관 인근 해상에 전시된 국내 최초 반잠수 쌍동선형 해상시험선 '선진호'

　　이순신의 바다, 조선 수군의 탄생

을 한 번쯤 되돌아보게 하는 아픈 역사의 현장이다.

칠천량 해전공원에서는 '씨릉섬 출렁다리'가 손에 잡힐 듯 보인다. 칠천도 옥계마을과 씨릉섬을 잇는 길이 200m의 현수교로 2023년 말 완공된다. 공사가 마무리되면 무인도 씨릉섬에는 초록바다전망대를 비롯한 각종 광장과 쉼터가 조성되어 관광객을 맞이한다. 그날의 바다는 참혹했지만, 오늘의 바다는 고달픈 일상에 휴식을 주는 공간으로 변모한다.

칠천량해전공원으로 가는 길목에서 옥계오토캠프장을 왼편에 끼고 옥계마을회관으로 향하다 보면, 해상에 전시된 거대한 선박을 볼 수 있다. 2012년 퇴역해서 이곳에 자리 잡은 국내 최초 반잠수 쌍동선형 해상시험선 '선진호'이다. 세계에서 다섯 번째로 개발된 시험선으로 일반 선박과는 비교할 수 없는 실험 안정성과 내항성을 갖추도록 특수 설계되어 24만km를 항해했다. 국방과학연구소가 해상에서 다양한 실험 무대로 활용했다. 임진란 당시라면 거북선 건조의 일등 공신으로 손꼽히는 '나대용'이 함장이었을 것이다.

임진란 당시 군역에 끌려 나가는 백성의 모습

11

진도(珍島)

삶과 죽음, 바다와 하늘이 한 빛인데

11. 진도(珍島)
- 삶과 죽음, 바다와 하늘이 한 빛인데

        진도타워는 진도대교를 건너 1km 남짓한 거리에 있는 군내면 망금산에 60m 높이로 세워졌다. 7층 전망대에서는 육지와 진도를 잇는 진도대교와 명량해전이 전개된 울돌목과 전라우수영이 한눈에 들어온다. 타워 아래 명량해상케이블카에서 바닥이 투명한 크리스털 캐빈을 타고 바다 건너 해남의 우수영국민관광지에 이르러 울돌목 스카이워크를 걸으면 회오리가 바다를 휘저어 명량이 내는 '우는 소리'를 온몸으로 느낄 수 있다. 우수영에서 스카이워크로 연결되는 해안가는 명량해전이 전개되기 1년 전, 통제사가 걸었던 길이다. 전란이 소강상태에 접어든 병신년(1596) 윤 8월, 통제사는 육지 순찰에 나서 전란에 시달리는 백성의 고통을 생생하게 목격하고 이를 난중일기에 기록한다. 윤8월 26일부터 28일까지 사흘간 통제사는 우수영에 머물며 우수영 4개 포구와 망루, 누각 등을 점검했다. 파도가 뒤엉키는 울돌목의 거친 파도를 바라보며 1년 후 조선 수군이 여기까지 밀려와 격전을 벌이리라고는 상상도 못했을 것이다. 전라우수영은 최전선과는 얼마간 거리를 둔 후방지대였고, 성 안팎의 민가 1,000여 채는 평화스러웠기 때문이다. 다만 울돌목의 거친 회오리만은 그의 머릿속에 분명히 각인되었음이 분명하다. 명량에서 일전을 치르기 위해 통제사는 왜 수군을

해남의 우수영관광지 인근에는 해남 울돌목 해상 스카이워크가 조성되어 굽이치는 울돌목을 가까이에서 볼 수 있다.

이순신의 바다, 조선 수군의 탄생

이곳으로 서서히 유인해왔기 때문이다. 그 미끼를 던진 곳이 바로 벽파진이다.

진도의 동북 해안 중앙에 자리 잡은 벽파진은 진도군 고군면 벽파리에 있던 나루터로, 우수영과는 직선거리로 6km 남짓 떨어졌고 인근에 감부도(甘甫島)가 있다. 벽파리 앞동산 산마루에 동쪽을 향해 이충무공 벽파진 전첩비가 거북 좌대에 세워졌는데, 받침돌인 귀부 둘레에 동그랗게 물길을 파두어 비가 오면 거북의 갈증을 달래준다.

정유년(1597) 8월 30일 패잔병에 가까운 판옥선 13척이 울돌목 바로 앞 벽파진에 함진을 친다. 거북선은 이미 불타버렸고 군영에는 탈주자가 속출해 목이 잘려 효수됐으며, 왜 수군이 연일 몰려온다는 거짓 정보가 잇달아 병사들은 술렁거렸다. 수군은 사수와 포수, 격군을 모두 합해도 2,000여 명 남짓할 뿐이었다. 장수들조차 전투를 꺼리는 분위기가 완연했고, 급기야 경상우수사 배설이 진중에서 도망치기에 이르렀다. 둔전과 염전을 경영하며 이순신을 도운 합리적인 관료이자 나약한 군인 배설의 눈에, 다가오는 전쟁은 죽음을 예약한 무모함으로 보였을 것이다. 깊어진 가을 하늘과 벽파진의 푸른 파도가 한빛으로 적막하게 어울리고, 삶과 죽음이 하나로 뒤엉킨 가운데 통제사는 제주에서 보내온 소를 잡아 9월 9일 중양절에 작은 의식을 치른다. 어머니를 잃고 상중에 있는 통제사가 고깃국을 끓여 병사들과 나눈 것이다. 병사들은 이를 이승에서 먹는 마지막 사잣밥이라고 여겼을 것이다. 전첩비 아래의 벽파정에서는 칠천량해전 승리 이후 기세등등한 왜 수군이 끊임없이 도발했던 감부도를 볼 수 있다. 벽파진에서 조선 수군은 참담하고 두려운 심정에서 나아가 삶과 죽음의 경계를 매일 넘나드는 시한부 삶을 살았던 것이다. 15일 함진을 울돌목으로 옮긴 통제사는 진도 군민들에게 피란하라는 전령을 보낸 뒤, 장수들에게는 삶과 죽음은 따로 떨어진 것이 아니라고 말한다.

"죽고자 하면 살고, 살고자 하면 죽는다. 장수들은 살려는 생각을 버려라."

9월 16일 새벽, 진도 벽파진 서쪽 명량해협 울돌목. 시시각각 당도하는 척후에 따르면 왜 선봉 수군은 133척이다. 지휘선인 아타케부네(安宅船·안택선) 1척을 5척의 전투선 세키부네(關船·관선)가 둘러싼 22개 전투 단위에, 2층 망루를 호화롭게 치장한 사령선이 중앙에 포진했다. 꺾어진 삼문자(三文字) 문양이 붉고, 흰 천에 새겨져 선상에서 요란하게 펄럭이는 모습이 어슴푸레 잡힌다. 명량해협은 조석 간만의 차이가 3~4m에 이르는 데다 유속이 급한 조류가 울돌목에서 뒤엉킨다. 조선 수군의 역조류, 배를 제자리에 세우기조차 어려운 상황에서 쇄도하는 왜선을 향해 대장선이 주저 없이 돌격한다. 선봉과 중군을 나눌 여유가 없는 초라한 일자진(一字陣)이었으나, 그나마 다른 판옥선이 돌격을 주저하면서 생긴 공백에 왜 전투선이 새까맣게 달라붙었다. 대장선이 아예 보이지 않을 지경, 대장선의 화포가 곡사에서 직사로 바뀌면서 맞붙은 왜선이 튕겨 나갔지만, 곧바로 다른 전투선이 들러붙었다. 명량의 양 해안가에서 고함치던 백성들이, 육지의 총포 사격에 가세한다. 그냥 두면 대장선을 왜병이 덮어버릴 것이다. 대장선의 갑판에 도선하던 왜병의 잘린 팔과 손가락이 꿈틀거린다. 승병들이 장창으로 왜군의 장검을 휘청거리며 막아내면서도 가까스로 대오를 유지한다. 불을 뿜는 천자, 지자, 현자총통의 기세에 달라붙던 왜선이 잠시 주춤 거리를 둔다. 장루에서 상

바닷물이 회오리치며 뒤엉켜 좁은 해협을 빠져나가는 울돌목.

나루터 벽파진을 바라보는 언덕에 세워진
벽파진전첩비

갑판으로 내려온 통제사는 전사한 노비 계생의 피 묻은 죽궁을 들고 군사들을 독려한다. 한 전(箭), 한 전, 바람을 가르며, 왜군의 가슴과 머리에 적중한다.

통제사가 병사들을 다독인다.

"한 발 한 발 정성을 기울여 쏘라. 왜적은 내 배를 침범할 수 없다."

병사들에게 대장선은, 군신(軍神)이 탑승한 판옥선이다. 승군의 수마석과 철퇴가, 도선을 시도하는 왜병 머리를 수박 쪼개듯 한다. 다른 판옥선은 왜군 기세에 질려 여전히 제자리를 맴돈다. 조선 수군의 선봉 부대, 녹도 만호 송여종마저 이순신을 외면한다. 이순신이 초요기를 올린다. 대장선을 호위하는 중군장 미조항 첨사 김응함과, 거제 현령 안위의 판옥선이 당도했다. 이순신이 안위를 향해 뱃전에서 외친다. 살기가 담겨있다.

"안위야, 네가 군법에 죽고 싶으냐. 도망치면 조선 땅 어디에서 살 것이냐."

안위의 배가 죽기로 달려든다. 왜선 2척이 안위의 뱃머리에 부딪히면서 왜군 7~8명이 균형을 잃고 명량해협으로 추락한다. 왜선은 반파되었지만, 그 틈에 거칠게 도선을 시도한다. 안위의 배에서 화포가 불을 뿜으면서 이들을 밀어낸다.

이어 이순신이 대장선 곁을 지켜야 하는 중군장 김응함에게 외친다.

"너를 당장 처형할 것이다. 싸움이 급하니 먼저 공을 세우라."

'살려 하면 죽을 것', 통제사의 경고가 귓전을 때린다. 김응함의 판옥선이 마침내 전투에 돌입한다. 도선이 급박하게 진행되어, 왜군이 갑판에 올라서자 통제사가 대장선을 몰아 선체를 왜선에 충돌시킨다. 왜선과 판옥선 사이에서 둔탁한 굉음이 울린다. 깨어진 왜선이 기울자, 도선한 왜병들이 전의를 잃고 바다로 뛰어든다. 대장선은 왜 대선을 향해 항진을 이어간다. 임진년 이후, 숱한 해전을 치렀으나 칠천량에서 죽을 고비를 넘기며 움츠러들었던 만호 송여종이, 문득 제정신을 차린 듯 기지개를 켜며 전투에 가세한다. 평산포 대장 김응두가 합세, 대장선을 겹겹이 포위하던 왜대선이 차곡차곡 가라앉으면서 왜 사령선이 빈틈을 드러냈다. 조선 수군의 철환과 대장전이 일제히 소나기처럼 쏟아진다. 층루가 무너지고 기울었던 선체가 서서히 눕고 있다. 붉은 휘장을 푸른 바닷물이 단숨에 삼킨다. 안골포에서 투항한 왜군 준사가 허우적거리는 왜군 장수를 가리켜 '마다시'라고 외치자, 사수 김돌손이 활을 내려놓고, 갈고리를 던져 왜장의 몸을 찍어 끌어 올린다. 마침내 마다시의 목이 대장선 돛대에 걸린다.

왜군이 주춤거린다. 임진년 이래, 조선 수군과의 전투가 의미했던 지난 악몽을 다시 떠올린다. 조류가 서서히 바뀐다. 조선 수군에게 순조류, 13척의 판옥선이 촘촘한 일자진을 펼쳐 왜선을 압박했다. 해안가 백성들이 미친 듯이 환성을 지른다. 100m 남짓한 좁은 수로에 왜선 잔해가 가득 차고, 조선 함대가 일제 포격을 가한다. 역조류와 동시에 밀려드는 잔해와 철환 속에서 항로를 잡지 못한 왜선이 퇴각기를 올린다. 먼발치에서 관망하던 수백 척 왜선이 먼저 등을 돌린다. 조선 함대는 왜선이 총포망을 벗어날 때까지 공세를 이어가 서너 척을 더 잡아낸다.

이순신은 이날, 하늘이 도운 기적 같은 승리라고 토로했다. 하지만 하늘은 승리와 패배에 무심하다. 결국 사람의 일이다. 이순신은 왜군을 최대한 유인, 좁은 명량에서 자신의 목숨을 걸었다. 칠천량 이후, 돌이킬 수 없으리라 믿었던 제해권을 거짓말처럼 한 번에 되찾았다. 조선 함대는 이날 저녁 사나운 명량해협을 유유히 빠져나와 당사도에 정박했다. 왜선 몇 척이 뒤따라와 당사도에 정박한 사실을 확인하자 쏜살같이 도주한다. 전라도 해안까지 내몰렸던 백성들이 쌀과 음식을 들고 살려달라고 애원한다. 이순신은 곳곳에 정박하면서 피란민을 태웠고, 어선들은 판옥선 곁에 몰려들었다. 고군산도에 이르러 군관 송한 등이 승첩 장계를 가지고 명량에서 패했다면 일본군이 타고 올라갔을 뱃길을 통해 한양으로 향했다. 장계에는 대장선에 탔던 순천 감목관 김탁과, 통제영의 종 계생 등 조총과 장검에 희생된 십여 명의 이름이 빠짐없이 올랐다. 13척의 조선 함대는 건재했다. 왜선은 31척이 침몰했고 수십 척이 반파된 상태로 도주했다. 사상자만도 5천여 명에 이르는 것으로 알려졌다. 이 시신들은 조류에 이끌려 진도 해안가를 덮었다.

진도타워에서 군내대로 등을 타고 동쪽으로 15km 정도 이동하면 진도 북동면 끝자락인 고군면 내동리 왜덕산(倭德山)에 이른다. 나지막한 언덕 산으로 완경사 지는 밭으로 개간되었고, 한쪽 모퉁이에 30여 기의 묘가 봉분이 무너진 채 정유년 가을의 명량해전을 가리킨다. 점차 희미해지는 이곳 옆에도 100여 기의 무덤이 있었지만, 지금은 거의 숲으로 변했다. 명량해전 당시 바다였던 내동마을 해안가로 왜군의 시신이 파도에 끊임없이 떠밀려 왔다. 마을 사람들은 모두 수백여 구를 거두어 마을 앞 산자락, 햇볕이 잘 들고 일본을 바라볼 수 있는 남쪽 언덕에 묻어주었다. 간척되기 이전에 마을 앞 바닷가는 귀신이 많이 나와 '도깨비골'로도 불렸다. 삶과 죽음이 하나로 뒤엉킨 참혹한 전쟁터에서 죽은 자에게 베푸는 산 자의 아량이고, 산 자가 죽음에 대해 지닌 공감이었다.

명량대첩 당시 선봉을 맡다 조선 수군에게 수장된 왜수군 구루시마 미치후사(來島道總·내도도총) 후손들은 해마다 명량대첩축제에 참여하고 왜덕산을 찾는다. 왜 수군에 대한 참배와 조선 백성에 대한 감사가 동시에 담겨있다. 이곳은 일본 학생들의 수학여행 코스에도 종종 포함된다. 언론보도에 따르면 진도 문화원은 지난 2022년 9월 학자를 비롯한 한일관계자들이 참석한 가운데 '제1회 진도 왜덕산 심포에스타 국제학술대회'를 개최했다. '하나의 전쟁, 두 개의 무덤'이라는 주제로 왜덕산과 일본 교토에 있는 귀 무덤의 의미 등이 함께 조명되었다. 당시 위령제에 참석한 하토야마 유키오(鳩山由紀夫·구산유기부) 전 일본 총리는 추모사에서 "일본은 한 때 여러분들에게 큰 고난을 안겨줬다. 우리 죄로 인해 고통받

전남 진도군 고군면 왜덕산을 찾아 참배한 일본 하토야마 전 총리(아랫줄 왼쪽에서 네 번째) 일행이 왜덕산을 배경으로 기념 촬영하였다. (진도군청 사진)

은 사람들이 더는 사죄하지 않아도 된다고 할 때까지 계속 사죄해야 한다."고 밝혔다. 그는 2021년 11월 오카야마(岡山·강산) 현 쓰야마(津山·진산) 시에서 왜군들이 전리품으로 가져간 조선인들의 귀와 코를 묻은 무덤 위령제에서도 똑같은 발언을 했다. 임진란 당시 진도 백성들은 전란으로 피폐한 삶을 살아가면서도 '사죄가 없이 먼저 용서할 수 있다'는 사실을 잘 보여주고 있다. '사죄'와 '용서'는 모두 '받는 이'가 주체가 아니라 '하는 이'가 주체이다. 사죄의 주체가 진정성을 가진다면, 받는 이의 마음에도 '이제 그만 사과하라'는 마음이 우러날 것이다.

12

떠다니는 수군 사령부(2)

기적같은 승리,
수군 회생의 불씨를 품은 항해길

12. 떠다니는 수군 사령부(2)
  - 기적같은 승리, 수군 회생의 불씨를 품은 항해길

명량해전의 승리에도 불구하고 조선 수군은 보잘 것 없었다. 판옥선 13척이 전부인 미욱한 군세, 언제라도 왜 수군과 전면전을 벌인다면 소멸될 수 있는 풍전등화(風前燈火)의 처지였다.

통제사는 또다시 해상에 사령부를 꾸미고 상황에 따라 대응하는 유격전을 시도한다. 섬과 만, 곶을 오가면서 왜 수군의 추격을 뿌리치고 언제든 기습, 공격하는 전략을 택하면서 향후 몸집을 키울 수 있는 모항(母港)을 찾아 나선 시기다. 이같은 전술은 칠천량 이후 기세등등했던 왜 수군이, 명량 이후 조선 수군에 대한 악몽을 되살리면서 가능하게 되었을 것이다. 비교할 수 없는 전력을 보유하고 있었음에도 공포감에 사로잡혀 적극적인 추격전을 벌일 엄두조차 내지 못했다고 볼 수 있다. 조선 수군과 왜 수군 모두 긴장하던 시기였고, 이순신에 대한 왜 수군의 불안감이 더 커서 조선 수군의 마지막 불씨를 왜 수군이 꺼트리지 못해 조선 수군이 활활 부활하게 된다.

명량 이후 통제사의 첫 기항지는 당사도이다. 소작쟁의로 유명한 암태도와 초란도를 사이에 두고 마주 보고 있는 아담한 부록 같은 섬이다. 초란도가 감싸고 있는 현재 선착장에서 13척의 판옥선은 왜선 133척과 맞선 그날 하루의 무시무시

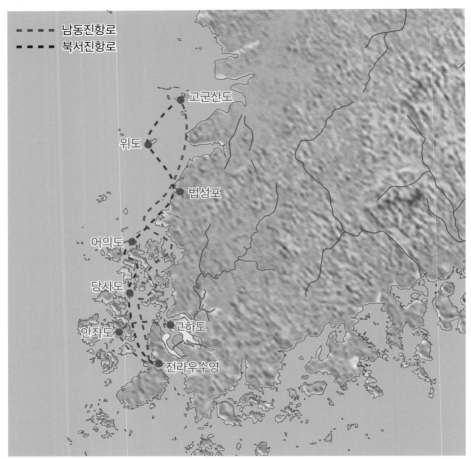

명량해전 이후 조선 함대의 이동 경로

한 긴장을 풀어내었을 것이다. 그리고 밤새 무용담에 젖어, 최고 지휘관의 소중함에 대해 가슴 깊이 되뇌는 시간을 가졌음도 분명하다. 이미 죽었다고 생각한 목숨이었다. 반도, 팔섬, 진섬, 암태도, 객도, 외암도, 까치섬, 말목도, 삼밭섬, 딴섬 등이 그날 기사회생한 조선 수군의 목격자들이다. 당사도는 물이 부족한 섬이다. 그래서 우리나라 최초로 담수화 기지가 들어섰고 이를 통해 식수난을 해결했다고 한다. 명량해전 이후 수군이 방죽골에 우물을 팠다지만 실제로 믿기는 어렵다. 하룻밤 진을 치고 우물을 팔 정도로 조선 수군은 한가롭지 않았다. 그 우물터는 지금은 무성한 잡목이 길을 덮어 찾아가기도 어렵다. 당사도 경제는 김 양식이 떠받치고 있다. 김 시세에 따라 섬 경제가 요동치지만 '13척의 전설'이 반딧불을 품고 하루를 머문 전설의 섬은 여전히 굳건히 버티고 있다.

17일 함대는 북으로 항로를 잡아 여오을도, 지금의 어의도로 향한다. 이른바 느리섬이다. 두 개의 산등성이가 바닷물의 침범을 겨우 넘기며 위태롭고 길게 이어져 마치 비키니를 입은 여인의 가냘픈 허리를 연상시킨다. 끊어질 듯한 두 산이 결국 느릿느릿 하나로 '어우러진다'고 해서 느리섬, 혹은 '어리섬'으로 불리다, 한자 표기를 빌려 어의도(於義島)로 정착되었다. 전남 신안군에서 가장 북단에 자리한 섬으로 한 무더기의 어촌마을 사이에 군데군데 보이는 폐가, 문을 닫은 분교가 두 산처럼 어우러져 시간이 멈춘 고요함에 젖어 든다. 시간은 그러나 허공마저 느릿느릿 할퀴면서 생장과 소멸을 짓궂게 바라볼 뿐이다. 지도초등학교 어의분교는 2015년 임시휴교, 2018년 폐교되어 교사로 들어서는 입구에는 학교의 새 주인이 된 잡초가 무성해 통행을 가로막는다. 녹슨 원색 철봉과 그네, 사자상과 반공소년 이승복 군 동상 등이 한때 이곳 배움터를 스쳐 간 섬마을 아이들이 이제는 어른이 되었고, 시간은 멈춘 적이 없다고 넌지시 일깨운다. 학교는 높은 언덕에 자리 잡은 데다 담장이 없어 선착장과 바다가 한눈에 조망된다.

그 바다에서 통제사는 왜 수군의 동태를 파악하기 위해 끊임없이 척후선을 내보냈을 것이다. 명량의 승리는 완벽했지만 조선 수군의 군세는 이제 막 산소마스크를 떼어내고 병상에서 일어나 미음을 떠먹는 수준에 불과했다. 수군 전력도 아주 조금씩 보충되었다. 어의도에 정박한 이틀 동안 300여 척의 피란선에서 물자를 공급받았으며 일부 병력이 보강된다. 명량 승전보를 전해 들은 나주 등지에서도 군사들에게 먹일 양식이 조달되었다. 명량해전은 산소마스크를 쓴 중환자가 건장한 청년과 싸워 이긴 격이다.

함대는 19일 일찍 영광군 낙월면 칠산 앞바다를 거쳐 법성포에 들른 뒤 홍릉곶, 지금의 영광군 홍농읍 앞바다로 돌아와 해상에서 밤을 지새웠다. 법성포구는 이미 왜군이 쑥대밭으로 만든 뒤여서 상륙을 포기한 것이다. 20일 다시 위도로 항진한다.

전란 중 포로로 잡혀갔으나 학문을 전파해 일본 주자학의 개조(開祖)로 일컬어지는 강항은 간양록(看羊錄)에서 이 무렵 왜 수군 1,000여 척이 해남의 전라 우수영을 거쳐 서해로 북진하고 있었다고 기록했다. 그런데 자신이 도도 다카도라(藤堂高虎·등당고호)의 수군에게 붙잡혀 심문받는 도중, 남하한 명나라 수군 1만여 척이 조선 수군과 연합군을 형성해 군산포에 정박하고 있다는 허위 정보를 전해, 왜군이 기세가 꺾여 돌아갔다고 전한다. 하지만 이 기록은 진위를 확인할 수 없는 인터넷 블로그나 유튜브 같은 사료라는 느낌을 지울 수 없다. 우선 이 시기 육지 전황이 급변했기 때문이다. 북진하던 왜군의 기세에 밀려 한양에서는 선조의 파천(播遷) 논의가 분분한 가운데, 명나라 육군이 직산에서 왜군의 예봉을 무너뜨렸기 때문이다. 9월 3일부터 전개된 직산 전투의 양상은 전황의 흐름을 뒤바꾸게 된다. 그리고 통제사 본가를 덮치는 불행이 예고된다.

9월 3일 한양에 도착한 경리 양호는 왜군이 이미 충청도 전의를 압박한다는 급보에도, 어정쩡하게 한강 방어 전략에만 치중한 제독 마귀를 닦달했다. '공세 없이 어떻게 적의 예기를 꺾느냐.'며, 곧바로 기병을 소집한다. 어찌 보면 과감하고 달리 보면 성급한 성격이었다. 제독과 장수들을 불러 모아 기병의 1차 출병을 논의했다. 이어 5일, 제독 마귀와 최종 전략을 숙의, 기병 2,000여 기를 출격시킨다. 지휘관은 부총병 해생, 참장 양등산과 유격장 우백영이 맡고, 마상전의 실전 경험이 풍부한 군관 15명이 각 부대에 분산, 배치된다. 군대 편성과 군관 임명, 출병까지 거침이 없다. 뒤를 이어 3,000여 지원군을 직산에 보낸다.

기병은 6일 밤을 지새워 천안 방면으로 달린 뒤, 7일 어스름 무렵 평택을 지난다. 동틀 무렵 직산 남쪽의 삼거리에서 전투 대형을 갖춘다. 소사평 일대는 군데군데 기복이 있지만 넓고 탁 트인 평지다. 기병의 매복과 기동에 용이한 지형상 이점을 동시에 가졌다. 일본군 선봉이 천안을 목표로 홍경원으로 향한다. 부총병 해생은 이들을 거르고 중군을 기습하기로 작전을 세운다. 흰옷을 입은 왜 중군의 선봉이 서서히 시야에 잡힌다. 해생이 머뭇거리며 조선군일지 여부를 놓고 탐색하던 중 매서운 총성이 벌판을 가르자, 곧바로 돌격기를 들어 삼거리 기슭에 매복시킨 기병에게 전격적인 기동을 명령한다. 왜 선발대의 조총 사격이 잠시 주춤한 사이, 곳곳에서 쏟아져나온 기마병이 활과 창을 날리며 돌진해서 대오를 무너뜨린다. 이번에는 기병이 조총의 장전 시간보다 빨랐다. 왜병에게 조총 가다듬을 틈을 주지 않으면서 승기를 잡아낸다. 철봉으로 무장한 후속 기병대가 곧바로 왜군의 흩어진 진영에 뛰어들어 기마병과 보병이 백병전을 벌인다. 온전히 말을 탄 기마병을 보병이 대항하기는 역부족이다. 왜병의 창검은 말발굽에 짓밟히고, 그들의 머리를 철봉이 내리친다. 왜군 머리가 마치 수박 깨지듯 부서져 곳곳에서 흰옷을 붉게 물들인다. 왜군이 퇴각기를 올리고, 퇴각 나팔을 불어댄다. 삽시간에 500여 왜군 시신이 벌판에서 나뒹굴어 마치, 목화밭에 붉은 칠을 해 놓은 듯했다. 전란 초기 신립이 구상했던 마상 전투가 정유년에 비록 명나라 기병을 통해서나마 성공적으로 재현된다.

일본 패잔병이 산으로 도주, 백기를 흔들자 왜 본진의 모습이 드러났다. 명나라 기병도 군사를 물려 전열을 가다듬는다. 소사평 군데군데에서 금으로 치장한 갑옷과 투구를 입은 시신들이 가을 햇살을 받아 황금빛을 반사한다. 일본군 지휘부마저 극심한 타격을 받았다는 사실을 알린다. 몇몇 명군이 마상에서 한가롭게 왜병의 목을 베어 마치 과일을 줍듯이 장창에 꿰어 돌아왔다. 심심풀이로 수집한 왜군 지휘관의 수급만 30여 개에 이르렀다. 전투를 진두지휘한 부총병 해생과, 참장 양등산이 양손에 왜장의 수급을 꽂은 장창을 들고 흔들어대면서 사기는 하늘을 찔렀다. 이어 경리 양호가 파견한 2차 지원병이 도착, 진영에서 환호가 일어난다.

팽팽하게 대치한 명나라 군대와 일본군이 간혹 산발적인 전투를 벌였지만 결국 왜군은 전면전을 꺼린 채 병력을 물렸다. 강화 협상 이후, 도요토미는 명나라에서 자신을 왕으로 책봉한 만큼 다시 터진 전란은 번국(藩國) 간의 다툼, 즉 '예의 없는 조선에게 도리를 가르치는 싸움'이라고 단언했다. 따라서 명나라 군대는 참전하지 않거나, 참전해도 중립을 지킬 것이라고 장담했다. 이에 따라 남원성 전투에서 부총병 양원에게 유화적인 교섭을 제의, 남원성을 초토화하면서도 양원은 풀어주었지만, 직산에서 일본군은 명나라 공세가 더욱 거칠어졌다는 사실을 확인한다. 일본은 일단 조선 4개 도의 할양을 협상안으로 내세운 뒤 명나라와의 전면전을 접는다. 직산 전투가 소강상태에 빠지면서 조선 조정과, 명나라군, 왜군 사령부에서 향후 군사작전의 가닥을 어떻게 잡을지 논의가 분분해졌다. 충청도에 주둔한 왜군은 통제사의 본가가 있는 아산을 작전 구역에 포함한다. 전란 내내 고통을 안긴 이순신의 본가를 왜장들이 파악하지 못할 리 없었다.

이어 9월 16일 새벽, 진도 벽파진 명량해협 울돌목에서 통제사가 해상 제해권을 놓고 건곤일척의 승부를 펼치면서 해상전 흐름도 뒤바뀌게 되었다. 육상과 해상의 전황이 뒤집힌 상황에서 왜선 1,000여 척이 통제사를 추격했고 이를 강항한 사람의 기지로 물리쳤다는 기록은 어쩐지 설득력이 부족하다.

칠산 앞바다는 전통적인 서해안 황금어장으로 곡우(穀雨) 전후에 산란을 위해 북상하는 조기가 밀려들던 곳이다. 고기 위에 배가 떠다닌다는 말이 나올 정도로 비옥한 어장이었다. 남에서 북으로 7개 섬이 이어져 흔히 '칠산 바다'로 부른다. 그런데 본래는 일곱 골짜기가 있어 '칠산 고을'로 불렸다는 '해양 전설'도 지니고 있다. 고을에 들른 한 비범한 과객이 고을 노인에게 "마을 돌부처 귀에서 피가 나면 골짜기가 모두 바다로 메워질 것이니 가족과 함께 피하라."고 예언하고 마을을 떠난 것. 이후 이 노인은 매일 돌부처의 귀를 확인하러 다녔고 한 백정이 이를 비웃으며 돌부처의 귀에 피를 바른 날, 마을이 바다로 덮여 칠산 바다가 되었다는 것이다. 예언이 없었다면 돌부처의 귀에 피가 나는 일도 없었겠지만, 예언을 시험하는 금기에 대한 모독이 결국 재앙을 불러온 것이다. 영광군 낙월면 송이리 일대의 흩어진 섬들이 금기를 어긴 인간 오만의 증거물인 셈이다. 오만은 또 유한한 인간에게 무한한 탐욕을 부추긴다. 이때 금기가 깨지고 전란이 터진다.

20일 조선 수군이 정박한 위도에서는 통제사와 얽힌 이야기가 지금도 전해 내려온다. 위도의 백성들이 통제사에게 전복, 굴죽과 굴젓, 그리고 바지락탕을 대접하자 천하일미라고 극찬했다는 것이다. 어찌 보면 회복기의 조선 수군에 걸맞은 음식을 상징하는 느낌마저 든다. 바지락은 간 기능 회복과 혈액 순환에 도움을 주는 타우린 함량이 높아 '천연 피로 해소제'로 불린다. 동의보감에도 바지락의 해장 기능이 기록되어 있어 피로에 찌든 당시 조선 수군이 더욱 달게 먹었을 것이다.

위도에는 흔하지만, 육지에서는 귀한 몇몇 전통음식이 호기심에서 비롯된 인문학적 미각을 자극한다. 같은 바지락탕도 통제사가 즐겼다면 다른 바지락탕이 되

위도 백성들은 통제사에게 바지락탕을 대접했고, 통제사는 천하일미라고 극찬했다고 한다.

는 것과 마찬가지다. 우선 설이나 보름 명절에 먹는 '몸부릿대 혹은 못무리대' 나물은 위도 상사화 줄기를 초가을에 수확해 갈무리해 둔 뒤 먹는다. 위도 상사화는 '가을 꽃'으로, 꽃과 잎이 서로 만나지 못하는 화엽불상견(花葉不相見)의 애절함을 담고 있어, '서로 영원히 그리워하지만 이루어질 수 없는 사랑'을 상징한다. 몰라도 그만이지만, 알고 나면 나물 맛에 애절함이 더해진다. 명절 상에만 오를 정도로 귀한 나물이다. '바지락 애갈탕'은 통제사가 극찬한 음식, 맛을 흠잡기에는 통제사에게 항명하는 부담이 너무 크다.

돼지 선지에 내장과 양념, 시래기를 넣고 끓여낸 '피창국'이나, 주재료는 박대지만 때로 위도 인근의 갓 잡은 생선을 뒤섞어 넣고 끓여낸 맑은 생선탕인 '악대기', 그리고 조기 젓갈이나 갓김치는 '귀하고 흔한' 위도 고유 음식이다. 봄기운이 짙어지는 4월부터 위도 어촌계 주민들은 갯벌에 철퍼덕 주저앉아 갯벌이 내놓은 바지락 1년 농사를 수확한다. 바지락을 캐는 데는 호미와 바구니만 있으면 그만이다. 갯벌에 호미를 넣었을 때 바지락이 부딪치면 달그락 소리가 난다. 이 소리가 마치 '바지락 바지락'하는 것 같다고 해서 붙여진 이름이 바지락이다. 위도는 허균이 '홍길동전'에서 꿈꾸던 율도국의 실제 모델이라는 이야기가 전해질 정도다. 매우 풍요롭지만 그렇다고 놀고먹는 섬은 아니다. 자신의 몸을 부지런히 바지락거릴 때 굶어 죽지 않는 섬, 곧 건강한 노동의 섬이기도 하다.

통제사는 21일 고군산도에 정박, 제법 오랫동안 머물고는 다음 달부터 전라우수영을 거쳐 다시 안편도로 향하는 남진을 시도한다. 왜군이 속속 철군하는 육지의 전황에 대한 가닥이 잡힌 것이다.

고군산군도의 백미로 일컬어지는 선유도는 군산 근대역사박물관이나, 군산대 등지에서 대중교통을 이용해 갈 수 있다. 대중교통으로는 1시간이 조금 넘는 거리며, 자동차로는 30여 분 만에 도착할 수 있다. 새만금방조제의 새만금로와 고군산대교, 선유대교, 장자대교 덕분이다. 신시도와 무녀도를 잇는 고군산대교에 들어서면 우리나라 최초의 일주탑 형식인 현수교를 볼 수 있다. 중앙에 삼발이 모양으로 우뚝 세워진 주탑이 이등변 삼각형의 꼭짓점을 이루며, 현수 케이블을 뻗어 다리 상판을 구석구석까지 떠받치는 구조이다. 고군산대교를 건너 도달한 무녀도는 바다 사이에 솟은 섬들이 마치 무녀가 한 상을 차려놓고 현란한 춤을 추고 있는 형상으로 읽혀 붙여진 이름이다. 간척지를 제외하고 본다면 굿 사위에 빠진 무녀의 역동성이 항공지도로 느껴진다. 무심한 지형을 인간의 눈으로 해석하는 순간, 그렇게 의미가 부여되면서 인간의 내면을 투영하게 된다. 무녀 굿판의 한상차림과 같은 무녀도의 끝자락에서 선유대교의 주황색 아치가 만드는 현수케이블망 사이를 지나면 선유 8경 중 하나인 삼도귀범(三島歸帆)을 만난다. 무인도인 장구도, 주삼섬, 앞삼섬이 마치 만선을 알리는 깃발을 꽂고 포구로 귀항하는 세 척의 돛단배로 보인다고 해서 붙여졌다. 무녀의 기운을 받아 만선의 꿈을 이루는 지형, 어찌 보면 내일을 알 수 없이 고기잡이에 나서는 어민의 공포와 염원이 고스란히 담겨 있다.

포구와 바로 삼도귀범의 사이에서 통제사의 함선이 정박해 12일 동안 호흡을 가다듬고 몸을 추슬렀다. 통제사는 이곳에서 명량의 승첩 장계를 작성해 한양에

선유대교에서 본 선유도의 삼도귀범, 통제사는 이곳 바다에서 명량해전의 승첩 장계를 한양에 보냈다.

보낸다. 그래서 포구와 삼도귀범 사이의 바다를 흔히 '장계터'라고도 부른다. 바다에서 사흘 동안 신열과 몸살에 시달린 통제사는 고향 아산에서 도달한 불길한 소식을 접한다. 분탕을 당하고 잿더미가 되어 남은 것이 없다는 것, 가족의 생사 여부는 확인되지 않았다.

통제사가 장계를 작성하고 신열을 이기고, 어두운 본가 소식을 들었지만, 선유도는 명량해전 이후 제법 장기간 정박하면서 함대를 정비한 이른바 조선 수군의 '힐링섬'이다. 선유도는 '신선이 노니는 장소'라는 의미에 걸맞게 절경을 자랑한다. 옥돌해수욕장의 데크 길을 걸으면서 '햇빛'에 비치어 반짝이는 바닷가의 잔물결이 한없이 무늬를 수놓은 '윤슬'을 보노라면, 당시 조선 수군도 전쟁의 아픔을 잠시 잊었으리라는 생각이 든다. 통제사의 명량해전 장계를 본 선조는 뜨뜻미지근한 태도를 보였으나 명나라 경리는 열광했다. 선조실록의 한 대목은 선조의 애매한 입장을 잘 보여준다.

조선 조정이 다시 한번 벼랑 끝 위기를 넘겼다. 평양으로 피란 갔던 비빈 일행이 돌아와 민심도 다소나마 차분해진다. 선조는 명나라 경리 양호가 직산 전투 당시 보인 신속하고 과감한 군사 전략에 감사했고 경리 양호는 오히려 이순신의 명량해전에 경탄한다.

10월 20일, 경리 양호가 선조를 찾았다. 선조가 추워진 날씨를 화제 삼아 안부를 묻는다. 양호는 '왜군이 일단 물러나 마음이 놓이고 평안하다.'고 화답한다. 선조가 양호의 직산 전투에 깊은 감사와 찬탄을 보낸다.

"왜적이 경기도까지 접근하여 백성도 흩어지고 종묘와 사직마저 다시 위태로운 상황에서 명나라 군대의 은혜에 힘입어 한양을 지킬 수 있었습니다. 대인께 큰절을 해서, 황상의 은혜에 답할까 합니다."

선조의 얼굴에서 감격마저 묻어난다.

"모두 황상의 은혜입니다. 저에게 무슨 공이 있겠습니까."

군왕의 절은 과분하다며 거절한 양호가, 화제를 통제사에게 옮긴다. 한때 형문을 가하고 이순신을 파직했던 선조에게는 불편한 이야깃거리다. 양호는 명량의 승전보를 듣자 뛸 듯이 기뻐했다. 무엇보다 서해안이 견고해져 육군의 북진을 막았고, 길게는 중국 해안이 뚫리지 않아 중국 백성들도 통제사의 덕을 입었다. 양호는 이순신 휘하의 장수들을 승차시키는 교지에 붉은 비단과 은자를 동봉했다. 명나라 장수에게 붉은 비단은, 군신 치우천황을 상징하는 최고의 영예이다.

"할 수만 있다면, 통제사의 대장선에 직접 붉은 비단을 걸어주고 싶었습니다."

양호는 명량의 승전보가 여전히 믿기지 않는 표정이다.

"통제사 순신이 사소한 왜적을 잡은 것은 그의 직분에 마땅히 따랐을 뿐이며, 큰 공이랄 것도 아닙니다. 대인께서 과분하게도 은단으로 상급을 주고, 비단으로 표창해 가상히 여기니, 제 마음이 송구할 뿐입니다."

선조가 이순신의 전공을 예사롭게 평가한다.

"이순신은 훌륭한 장수입니다. 수군이 크게 패해 흩어진 뒤에 군사와 함선을 수습해서 큰 공을 세웠으니 이보다 더한 장수는 없습니다. 약간의 은단을 베풀어 마음을 표시했지만, 통제사의 승전에 비한다면 미약하기 짝이 없어 부끄럽습니다."

양호는 조선 수군의 극적인 승리가 전황에 어떤 의미를 지녔는지, 충분히 알고 있었다. 이는 선조도 마찬가지지만 명량에서 공을 세운 거제 현령 안위 등 부장들의 품계는 높이고 정작 이순신은 승차 대상에서 제외한다. 자신의 그릇된 판단을 공식적으로 인정하기 싫었을 것이다. 다만 권율의 도원수부에 파발을 띄워, 이순신에게 소고기를 내리라고 전교한다. "상중인 이순신이 고기를 먹지 않아 전

옛 장자교는 스카이워크로 변신해 천 길 낭떠러지 바다를 발아래 펼쳐 놓았다.

란의 와중에 장수의 건강이 염려된다."며 에둘러 마음을 전한다.

선유도와 장자도를 잇는 장자대교는 각각의 우람한 주탑이 교량을 지탱하는 사장교이다. 자신의 등에 빗살처럼 케이블을 박은 주탑이 홀로 다리를 받쳐 올려 고단한 삶의 무게감마저 느껴진다. 붉은 옛 장자교는 제 역할을 양보하고 스카이 워크로 변신했다. 바닥이 데크로 바뀌었고 가장자리에는 바다가 보이는 철망을 깔아 공포스런 개방감을 높인 데다 중간중간 유리바닥 전망대를 보탰다. 데크 위만 걷는 이들과, 철망과 유리 바닥을 오가는 사람의 성향 차이를 분명하게 알 수 있다. 대부분 데크를 걷는 이들은 주변을 보지 않고 빠르게 다리를 건넌다. 이런 이들에게는 다리가 무척 길게 느껴질 것이다. 60여 크고 작은 섬이 군집해 있는 고군산군도에서 배를 타지 않고 갈 수 있는 끝자락은 대장도이다. 방파제길과 대장교로 이어져 주변 바다와 섬을 한가롭게 느낄 수 있는 해상 산책로이다.

고군산군도의 명칭은 본래 군산도였던 선유도에서 유래되었다. 군산도는 태조가 왜구의 침략을 견제하기 위해 만든 수군기지, 그런데 왜구의 침입로가 변하자 군산도를 옮기면서 옛고(古)를 붙여 고군산도로 부르다, 무리 군(群)을 붙여 이 일대 섬을 통칭하게 되었다.

통제사는 9월 21일 고군산군도를 빠져나와, 어의도를 향해 남진한다. 이어 폐허가 된 전라우수영지를 돌아본 뒤 안편도에 정박했다. 난중일기에는 때로 발음도로 표기되었다. 이 섬이 현재까지 실제 지명을 두고 논란이 일고 있는 미지의 장소로, 통제사는 정박 나흘째인 10월 14일 셋째 아들 면의 전사 소식을 접하게 된다. 그런데 논란의 섬 안편도는 점차 현재의 안좌도로 압축되고 있으며, 지리적 실증을 통해 일정 부분 검증된 단계라고 볼 수 있다. 목포해양대 연구진은 '난중일기에 기록된 안편도(발음도)의 지리적 위치에 관한 실증 연구'에서 팔금도, 장산도라는 기존 주장을 일축한다. 고증 없는 일종의 직관적 추론에 불과하다는 것이다. 이들은 안좌도를 탐사하고, 안좌도 섬의 변천 과정을 통해 가설을 검증하는 실증 과정을 거치고 있다. 당연히 난중일기의 기록이 가설을 검증하는 첫 번째 장치이다. 정유년(1597) 10월 11일 난중일기 내용이다.

"11일 정오에 안편도에 도착했다. 바람이 자고 날씨가 온화하다. 배에서 내려 높은 산봉우리에 올라가 전선을 숨겨둘 만한 곳을 살펴보았다. 동쪽으로는 앞에 섬이 있어 멀리 바라볼 수 없었고, 북쪽으로는 나주와 영암의 월출산이 트이고, 서쪽으로는 비금도로 통한다". 또 "이윽고 중군장과 우치적이 올라 오고 조효남, 안위 우수가 잇달아 올라왔고 날이 저물어 산에서 내려 왔다."고 덧붙였다.

그런데 팔금도와 장산도에서는 이러한 조망이 불가능하다. 그동안 안좌도가 배제된 이유는, 이 섬이 조선의 고지도 등을 보면 본래 안창도와 기창도로 나뉘어져 있었다는 사실을 간과했기 때문이다. 이후 1970년대부터 진행된 간척사업으로 1973년 현재와 같은 한 개 섬으로 합쳐지는 지형변화를 겪었다. 지금의 농경지가 과거 두 개의 섬 사이를 흐르는 해협이었고 이곳에 수군이 정박했다는 것이다. 그리고 안창도의 매봉산에서 조망한 결과, 난중일기에서 묘사한 내용과 정확히 일치한다는 사실이 근거로 제시된다. 안좌도 지리의 변천을 가설 검증의 두 번째 장치로 동원한 것이다. 결국 이 연구에 따르면 현재 매봉산 앞 농경지가 조선 수군이 주둔했던 '그때 이곳'이지만, 상전벽해(桑田碧海)로 변한 물리적 현실이 눈을 현혹해 사고력을 가로막은 셈이다.

안좌도는 통제사에게 통곡의 섬으로 기억될 수밖에 없다. 셋째 아들 면의 전사 소식이 날아들었기 때문이다. 당시 심정을 통제사는 난중일기에서 이렇게 전한다.

2019년 개통된 천사대교는 신안군 자은면, 암태면, 팔금면, 안좌면을 육지와 연결, 이곳 주민들에게 '천사' 같은 역할을 한다.

"하룻밤이 일 년 같다. 오늘 밤이 일 년 같다."

"네가 죽어 나를 살린 것이냐."

"면아, 나를 버리고 어디로 갔느냐. 내 죄가 네 몸에 닿았느냐."

통제사의 고통이 방향을 돌려 전쟁에 대한 회한과 자책으로 치달았다. 하늘이 무너지는 부모의 죽음 천붕(天崩), 창자가 마디마디 끊어지는 자식의 죽음 참척(慘慽), 통제사는 이것을 모두 정유년에 겪었다. 전란은, 부모가 먼저 세상을 떠나는 엄연한 이치마저 어지럽혀 놓았기 때문이다.

16일에는 소금 굽는 염한, 강막지의 집으로 간다. 아마 제장들에게 더 이상 눈물을 보이고 싶지 않았을 것이다. 강막지가 내오는 술상과 소금으로 간한 데친 나물 몇 가지로 슬픔을 견디는 시간이었다.

안좌도는 천사대교 개통으로 무안국제공항에서 1시간 남짓한 거리로 당겨졌다. 신안군 압해도와 암태도를 연결하는 천사대교는 해양 교량의 절정을 보여준다. 천사대교 명칭에는 1,004개의 섬으로 이루어진 신안군의 지역 특성이 반영되었고, 9년여 공사를 통해 7.22km 길이의 교량이 완성되면서 푸른 바닷길 위를 사방으로 달리는 도로라는 환상에 사로잡히게 한다. 사장교와 현수교가 혼합되어 끝없이 이어진 주탑 케이블들은 때로 주렁주렁 늘어지거나 혹은 교량에 사선처럼 철심을 박은 채, 바다 위 교량을 제각각 끌어 올린다.

안좌도의 관광 명소는 퍼플교이다. 이곳에서 통제사 흔적을 찾

퍼플교를 통해 안좌면과 연결되는 섬 중의 하나인 반월도의 표지판

안좌도의 퍼플교, 봄에는 주위 꽃들이 앞 다투어 피어나면서 사방에서 보라색을 보탠다.

아볼 수는 없다. 오랜 세월이 바다를 농지로 둔갑시켰기 때문이다. 안좌도 서남쪽 해안인 소곡리에 이르면 바다와 갯벌을 가로지르는 보라색이 시선을 잡아끈다. 갯벌 위에 놓인 2km 남짓한 보라색 나무다리가 마을 앞 박지도와 반월도를 삼각형으로 연결해 1시간가량 갯벌 산책로를 제공하는데, 이른바 퍼플교이다. 다리에 얽힌 사연도 애틋하다. 걸어서 이웃 섬에 가고 싶었던 안좌면 박지마을 김매금 할머니의 간절한 소망을 위해 다리를 만들었다. 애초 소망의 다리에서 출발했지만, 섬 일대에서 재배되는 왕도라지, 꿀풀, 콜라비 등 보라색 꽃이 피는 농작물이 거들고 라벤더꽃 등이 가세하면서 온통 보랏빛 세상으로 확장되었다. 민가 지붕과 외벽도 보라색으로 칠해져 동화 속의 '보라 나라'를 연상시킬 정도다. 보라색은 고고함과 숭고함, 신비로운 이미지를 주면서도 치유의 색이다. 어쩌면 명량해전 이후 고통받던 통제사에게 어울리는 색일 것이다.

통제사는 이 시기에도 척후선을 내보내고, 왜군의 동태를 종합해 새로운 통제영 후보지를 놓고 고민했다. 또 군사와 군량미 등 군비를 확보해 수군 재건에 박차를 가한다. 명량의 승전보를 듣고 칠천량에서 도주한 병사들도 속속 몰려들었다. 통제사는 이들과 함께 이진 준비에 몰두한다. 어머니와 자식을 잃었지만 슬퍼할 겨를도 없이 군인의 직분을 수행해야 한다. 이 모순은 아마도 자신의 손으로 전란을 끝낼 때 해소된다는 사실을 알고 있었으리라. 그 무렵 새로운 통제영 후보지로 고하도가 부상하고 비와 우박이 내리는 10월 29일 통제사는 안좌도를 떠난다.

13

고하도(高下島)

목포의 눈물

13. 고하도(高下島)
- 목포의 눈물

사공의 뱃노래 가물거리며
삼학도 파도 깊이 스며드는데
부두의 새악시 아롱젖은 옷자락
이별의 눈물이냐 목포의 설움

삼백 년 원한 품은 노적봉 밑에
님 자취 완연하다 애달픈 정조
유달산 바람도 영산강을 안으니
님 그려 우는 마음 목포의 노래

일제강점기 망국의 한을 품은 7·5조 세 마디 민요풍의 구슬픈 곡조 '목포의 눈물'은 1935년 발표 당시에는 총독부 검열로 인해 2절 가사를 '삼백련 원앙품은'으로 바꾸어 불렀다. 야구팀 해태타이거즈의 응원가로도 널리 알려졌는데, 망국의 한이 호남의 설움으로 탈바꿈했기 때문이다. 목포역에서 지척인 삼학도에는 '이난영 공원'이 있고, '노래비'가 세워졌다. 인근 외항 부두에서 반달섬 고하도가 선명하다. 여기에서 목포근대역사관 등 목포 근대역사 문화 공간을 천천히 걷기만 해도 목포에 흐르는 과거 숨결을 현재까지 느낄 수 있다. 이제는 퇴색한 목포의 근대식 건물은, 군데군데 비어있는 상가와 더불어 마치 오랜 연인이 상처받은 듯 유달리 서글프다. 유달산 인근에는 정갈한 한정식집이 포진해 있다. 1인당 3만~5만 원 수준으로 다소 부담스럽지만, 이왕 목포에 온 바에야 해산물과 육류 요리가 망라된 남도 전통음식을 놓칠 수는 없다. 뷔페처럼 많은 반찬이 나와도 허술하지 않아 반찬 하나하나가 일품요리다. 목포권 식탁에서 빼놓을 수 없는 황석어젓은 곰삭았는데 구수한 냄새가 난다. 매운데 맵지 않고 짠데 짜지 않은, 그래서 모호하면서도 풍미 깊은 맛이다. 목포 앞바다에서 잡아 배에서 신안천일염으로 바로 담가 몇 년간 숙성시키는 정성을 들인 반찬이다. 임진란 당시 조선 수군도 출정길에 나서면 젓갈류와 소금 등을 곁들인 주먹밥으로 전투식량을 대신했다.

유달로를 타면 자동차로 10여 분 거리에 목포해상케이블카 북항승강장이 있다. 3.23km의 긴 케이블에 의지해 155m 높이의 창공에 오르면 목포 시내가 밀려난 뒤 다시 유달산이 멀어지고, 푸른 바다가 펼쳐지는 고하도 전망대 인근에 내린다. 창이 넓고 바닥이 훤히 내려다보이는 크리스털 캐빈은 출렁이는 유달산 바람과, 넘실대는 파도를 온몸으로 느끼며 볼 수 있는 입체 영화관의 스크린이다. 고하도는 난중일기에 보화도로 기록되었으며 높은 유달산이 굽어보는 섬이라는 의미에서 지금은 고하도로 불린다. 칼섬, 용섬 등의 별칭으로 불리고 전라남도 목포시에서 1.5km 남짓 떨어져 있다.

목포해상케이블카 고하도 승강장에서 고하도 전망대까지는 길어야 20여 분 남짓한 거리다. 승강장에서 철도 침목을 재활용한 '150세 힐링 건강계단'을 하나씩 오르고 나면 평지와 가벼운 경사로가 500여m 정도 이어진다. 다져진 길에 야자수 매트 등으로 산책로가 조성되어 쉬엄쉬엄 걸으면 10여 분이 걸린다. 계단이

목포해상케이블카는 유달산과 고하도를 오가며 유달산과 바다는 물론 목포 시가지를 한눈에 보여 준다.(목
포시청)

아닌 보행자용 '용오름 숲길'에는 군데군데 의자가 놓이고, 전망대 데크가 깔려
목포 앞바다와 목포대교를 보며 이런저런 상념에 빠질 수 있다. 비생산적인 상념
은 잠시 목적지를 잊게 하지만 다시 활력을 주는 생산성으로 되살아난다.

　고하도 전망대 외관은 얼핏 상자를 가로, 세로로 차곡차곡 쌓은 조형물처럼 보
이지만 상자 하나하나가 모두 허공에서 항진하는 판옥선이다. 모두 13척, 패잔병

고하도 전망대의 전시실에는 목포의 관광 명소를 전시해 놓았다. '목포의 눈물'을 부른 이난영 사진이 보인다.

에 가까운 조선 수군을 이끌고 통제사 이순신이 명량해전을 치를 당시 수군 전력
이다.

　2층부터 전망대가 시작되며 앞뒤로 창을 내, 사방을 조망할 수 있도록 설계되
었다. 전망대 내부에서 외부를 보면 평저선인 판옥대선의 바닥이 들여다보인다.
전시실에는 판옥선의 구조나 제작 과정, 통제사와 고하도의 인연 등이 소개된다.
목포의 먹거리, 볼거리, 즐길 거리 등을 소개하고 있는 각 층을 연결하는 계단이
다소 가팔라서인지, "단언컨대 끝까지 올라간 보람을 느끼게 해 드립니다."라는
미끼 문구가 붙어있다. 전망대에 오르면 사방이 탁 트여 고하도의 끝단 용머리와
목포대교, 목포 시내가 한눈에 들어온다. 멀찌감치 전개되는 파노라마는 가까이
에서 겪는 삶의 고통을 잠시나마 잊으라고, 늘 아름답게 세상을 치장하며 삶의 긴

장을 늦추게 하는 환상을 선물한다. 내려오는 길에 '목포의 눈물'을 부른 이난영 사진이 보인다. 가까운 거리에서 삶의 애환을 느끼는 곳이다. 고하도는 통제사에게도 '눈물의 섬'이었다. 시대를 초월해서 '눈물'이라는 단어가 서로 겹치는 것이다. 난중일기에는 통제사의 눈물이 고스란히 얼룩져 있다.

고하도 전망대, 판옥선 13척을 쌓아 올린 형상이다.

명량해전 이후 한 달 열흘 여만인 정유년(1597) 10월 29일, 삼도수군통제영의 전선 13척이 고하도에 닻을 내리고 한산도에 이은 두 번째 수군 해상 사령부를 구축한다. 비금도 등 몇몇 섬이 물망에 올랐지만, 통제사는 영산강을 바라보며 육지를 압박하고 서해로 올라가는 협수로를 틀어막는 고하도를 최종 기지로 선택한다.

육지를 바라보는 북동사면이 깎아지른 절벽이어서 척후에 용이하고, 남서사면은 완만한 경사를 이루고 있어 제법 평지 및 완경사지가 있었지만, 그 규모가 작아 대대적인 둔전 설치는 쉽지 않았다. 애초부터 고하도는 조선 수군의 전열을 재정비해 최전선 사령부를 다시 옮기기 위한 임시 거처의 역할에 국한되었던 것이다. 다만 섬의 만입부 주변과 인접한 장구도에 염전을 설치하면 군영 살림에 다소나마 보탬이 될 수 있었다. 북동사면과 남서사면을 동시에 바라보는 포구는 함대의 척후와 기동에 유리했다.

고하도에 정박하기 보름 전, 통제사는 안좌도에서 셋째 아들 면의 전사 소식을 들었다. 어머니와 자식을 잃은, 아들과 아버지의 나약함을 추스르면서 무너진 수군을 재건하는 잔인한 기간이었다. 겨울바람이 제법 매서워지는 시기지만, 조선 함대는 명량의 승전에도 불구하고 보잘것없었다. 전함은 고작 13척, 대장선과 중군, 선봉 등의 편제를 나눌 수조차 없어 명량해전에서는 일자진으로 울돌목을 틀어막고 대장선이 선봉이 되었다. 함대를 건조할 선소를 마련하고 누각과 망루, 그리고 장수와 병사들이 거처할 병영 짓는 일에 병사들이 모두 동원되었다. 다행히 고하도 북단 봉우리에 소나무가 무성해 통제영과 군막, 누각, 망루, 군량 창고 등을 동시에 짓는데도 목재가 부족하지는 않았다. 고하도의 소나무는 조선 수군 재건의 첫 공신인 셈이었다. 통제사는 11월 15일 새로운 통제영이 완성될 때까지 포구의 판옥선에서 숙식을 해결하면서 오로지 일에만 몰두했다. 판옥선의 봉창에서 어둠이 밀려오는 바닷가를 하염없이 바라보다 잠들고, 새벽부터 작업을 지휘하고 한밤중에 다시 판옥선에 올랐다. 이 무렵 통제사는 한 가지 일에 미친 듯이 매달리는 모습을 자주 보인다. 말발굽의 편자를 가는 일 따위이다. 그에게도 무엇인가 세상사를 잠시 잊을 숨통이 필요했던 모양이다. 이렇게 완성된 고하도의 통제영은 한산섬 통제영에 이은 조선 수군의 두 번째 해상 사령부로 조선 수군 재건을 위한 전진기지로 자리매김한다.

이 무렵 고하도에서는 한바탕 소란이 일었다. 군졸이 한 선비집 처녀를 강간했던 것. 전장에서 삶은 한순간에 사라지는 허망함의 연속이다. 하루살이같이 부질없는 생의 가벼움이 오히려 생에 대한 집착과 강렬한 욕망의 배설을 지피는지도 모른다. 통제사는 병사를 참수해 효시, 군기를 다잡았다. 피폐한 조선 수군은 조선 백성의 도움이 없다면 전쟁을 치를 수 없다. 고하도에 정박하기 전, 법성포구에서 백성들이 보탠 군량은 수군 유지와 생존을 위한 발판이었다. 모두 백성 손에서 나온 것들이다.

이와 함께 영암 등 아직 왜구의 손에 떨어지지 않은 곡창지대로 고하도에서 출발한 경쾌선이 끊임없이 빠져나갔다. 수군 재건을 위한 군량미가 절실했던 것이다. 영암군수 등이 군량미를 싣고 와 여기에 화답하면서 고하도 군영의 살림에 조금씩 훈기가 돌았다.

고하도에는 조정의 선물이 종종 도달했다. 우선 명량의 승첩에 대한 포상. 거제현령 안위 등이 승차하였고, 통제사에게는 은 20냥이 내려왔다. 군영 살림에 요긴하게 쓰일 수 있었다. 이와 함께 명나라 장수 경리 양호는 붉은 비단 한 필을 보내 최고의 찬사를 표했다. 명나라 사람들에게 기적과 상서로움을 상징하는 붉은색은 동시에 '붉은 황제의 아들' 군신 치우천황을 의미한다. 양호는 "통제사의 배에 이 붉은 비단을 걸어주고 싶지만, 멀어서 할 수 없다."는 서신을 동봉했다. 한산도를 지키던 군신이 거대한 날갯짓으로 자리를 옮겨 고하도에 둥지를 튼 셈이다.

그 무렵 명나라 수군의 공식 참전 소식이 고하도에 당도한다. 칠천량에서 조선 수군이 궤멸한 뒤, 왜 수군에 고스란히 노출되었던 명나라 해역을 통제사가 막아준 사실을 각인했기 때문이었다. 이제 고화도는 서해와 명나라 해역을 지키는 최전선 기지로 주목받았다. 조정에서도 바닷가 19개 고을을 수군에 전속시켜 여기에서 나오는 물자로 조선 수군의 재건을 독려했다. 명량의 승리가 예사롭지 않았던 것이다.

선조는 도원수 권율을 통해 12월 5일 궤짝을 보내왔다. 상중이라고 고기를 멀리하는 통제사의 건강이 염려스럽다는 것. 선조는 "장수가 거친 음식만을 먹어 기력이 없으면, 이는 예를 실천하는 현실적인 방안이 될 수 없다."면서 "예에는

고하도 모충각에 세워진 이순신 기념비는 1772년 이순신의 5대손 이봉상이 세웠다.

원칙과 방편이 있는데, 상황에 따라 원칙을 저버릴 수도 있지 않은가?"라는 설명을 덧붙였다. 궤짝을 가득 메운 고기를 통제사가 먹었는지는 알 수 없다. 다만 이 고기들이 병사들에게 나누어진 것만은 분명하다.

고하도의 수군 기지가 자리를 잡으면서 육지와의 연락도 빈번해졌다. 12월 중순, 조카 해와 아들 열이 고하도를 찾은 것도 통제사에게는 위로와 아픔이 되었다. 아들 면의 장례 소식을 상세히 들으며 가슴 한구석 아픔을 다독였지만, 셋째를 잃은 부인의 병환이 깊어져 또 다른 아픔을 낳았다. 아들 열이 돌아간 25일에는 고하도에 눈발이 날려 온통 잿빛이었다. 눈발 가득한 포구에서 멀어지는 배를 하염없이 바라보는 통제사 얼굴에는 슬픔이 가득했다. 조선 백성과 통제사에게 잔인했던 정유년도 어느덧 기울어 가고 있었다.

정유년 12월 29일, 승려 두우가 백지와 상지를 가지고 통제사를 찾는다. 전란 내내 통제사를 수족처럼 도왔던 조선의 천민들, 건재한 통제사 소식을 듣고 한달음에 달려온 것이다. 이들을 맞으면서 통제사는 어쩔 수 없이 아들 면을 떠올릴 수밖에 없다. 두우는 전쟁터를 떠도는 모든 혼백이 극락왕생하기를 기원한다. 시다림의 지장정근 소리가 한겨울 고하도 통제영에 울려 퍼졌다.

정유년 12월 30일은 공교롭게도 그믐이자 입춘이 겹쳤다. 이날 장수들이 통제영을 찾아 통제사에게 예를 갖추었다. 까무러질 듯이 새카만 한 겨울의 그믐과 봄을 알리는 입춘이 겹치는 정유년 마지막 날이었다, 고하도에서는 이렇게 조선 수군의 겨울과 그 속에서 움트는 새봄이 교차하고 있었다.

고하도를 비롯한 인근의 완만한 포구에서는 판옥대선이 동시에 건조되어 선봉 녹도군이 먼저 편제를 갖추고, 인근 해역을 순항하며 경건하고 장엄한 진수식을 치렀다. 조선 수군이 되살아나 비로소 함진의 모양새를 갖춘 것이다. 백색과 붉고

고하도 모충각 일대는 곰솔이 숲을 이루고 있다.

푸른 형형색색의 군기가 꽂힌 새 판옥선에 군관과 격군 사수가 승선하고 포구를 한 바퀴 돌면 헌관의 지시에 따라 제사를 올리고, 음복으로 진수식을 마무리한다. 상에 오른 생선을 뒤집지 않고 그대로 살을 발리는데 이는 함대 전복을 막자는 염원이었다. 진수식은 하루에 한 대만 할 수 있어 연일 진수식이 이어지고 함대에 군관이 배치되었다. 고하도는 칠천량 해전에서 패배한 뒤 살아남은 조선 수군이 목포를 거쳐 다시 집결하는 장소이기도 했다. 수십 척의 함선이 건조되었고, 수천 명의 조선 수군이 재편성되어 이듬해 전투를 예비한다.

앞서 명량과 충청도 직산 전투에서 일격을 당한 왜군은 급속하게 전의가 위축된다. 순천, 남해, 사천, 울산 등에 왜성을 쌓고 수성전에 돌입할 조짐을 보인 것이다. 육지의 전황에 대한 첩보가 확인되자 통제사는 새로운 사령부의 후보지를 탐색한다. 이번에도 섬이었다. 고립된 섬은 물자 조달이 숙제 거리다. 하지만 일정한 긴장 속에서 안전을 보장받는 모태의 자궁과도 같다. 손쉽게 물자를 조달받는 육지는 지상전의 전황에 따라 한순간에 모든 기반을 상실할 수 있는 위험을 동반했다. 통제사는 취약한 조선군 현실을 감안, 이번에도 수상 사령부를 택하면서 연일 경쾌선과 파발을 육지로 보내 수군을 살릴 탯줄을 만들어 갔다. 육지 전황이 다소 호전될 기미를 보이자 이번에도 동진을 결심한다. 통제사가 지휘하는 통제영은 늘 최전선이었고 동시에 적의 숨통을 겨누는 공간이다. 척후와 수색대의 보고를 종합해서 고금도를 최적 후보지로 결정한다. 목수와 군사들이 연일 고하도와 고금도를 오가면서 목재와 군량을 실어 나르며 이진(移陣)을 준비했다. 고금도는 고하도에 비해 토지가 비옥하고 방대했다. 동시에 협수로를 틀어막아 왜군의 서진을 막을 장소. 무술년 2월 16일, 조선 수군 본영의 대장선이 고하도를 떠나면서 한산도를 이은 두 번째 해상 통제영은 제 역할을 마무리했다. 주둔 기간은 모두 108일이었다.

홍살문을 지나면 억센 곰솔이 파수꾼처럼 모충각을 감싸고 있다.

이순신의 바다, 조선 수군의 탄생

　　고하도 해안길에서 유달산이 보이는 쪽으로 통제사를 기리는 모충각(慕忠閣)에는 이충무공기념비가 서 있다. 경종2년(1722) 8월 통제사 오중주와 충무공의 5대손인 이봉상이 완성했으나, 일제강점기 때 일본군이 총을 난사해서 야산에 버린 것을 광복 이후 고하도에 복원한 것이다. 모충각을 가득 메운 현판 중에는 사랑하는 아들을 잃은 통제사의 심정을 애달파 하는 내용이 적지 않다. 모충각 주변에서는 고하진성을 비롯, 조선 수군의 조선소, 조선 수군의 연병장 터 등을 확인할 수 있다. 고하진성은 대부분 소실되어 일부 유적만 겨우 간직하고 있을 뿐이다. 홍살문을 비롯한 모충각 일대는 곰솔로 뒤덮인 명품 숲이다. 일반 소나무보다 억센 곰솔은 바닷가를 따라 자라나 해송, 혹은 줄기 껍질의 색이 검은빛을 보여 흑송으로도 불린다. 적지 않은 나무들이 용트림하듯 휘어져 이 일대를 감싸고 있으며, 몇몇 나무는 해풍에 맞아 아예 눕혀졌다 다시 솟아나는 형상이다. 어찌보면 당시 통제사의 심정을 닮았다.

　　통제사는 한겨울에 주둔했다. 피폐한 수군을 이끌고 판옥선 봉창에 기대 어머니와 자식, 지난 5년여 동안 공들인 수군을 잃고 내면의 고통과 수군의 군세를 다잡은 시기, 그래서 고하도는 눈물로 희망을 싹틔운 섬이다.

14

고금도(古今島)

진정한 조명연합수군 결성의 진원지

14. 고금도(古今島)
- 진정한 조명연합수군 결성의 진원지

완도군에서 완도에 이어 두 번째로 큰 섬인 고금도는 따뜻한 기후와 해풍, 그리고 풍부한 일조량 덕분에 색이 깊고 향이 강하면서도 맛이 그윽한 유자를 키워 낸다. 통제사는 애틋한 마음으로 늘 그리워하던 한양의 유성룡에게 이따금 유자를 선물한다.

고금도는 통제사가 전란 막바지에 마지막 삼도수군통제영을 설치한 섬이다. 한산도와 고하도를 거쳐 전란의 종지부를 찍을 세 번째 해상 사령부를 구축한 통제사는 이곳에서 명나라 수군 도독 진린과 조명 연합수군을 결성해 전투력을 증강하게 된다. 통제사는 진린과 숱한 줄다리기를 벌이면서 서서히 작전권을 주도해 가지만 그만큼 마음고생을 치러야 했다. 실록 등 각종 사료는 위기에 처한 소국을 구하러 온 대국의 장수라는 오만에 가득 차 있던 진린이 조금씩 이순신에게 감화되는 과정을 생생하게 전한다. 고금도는 또 통제사가 노량에서 전사한 뒤 일시적으로 안장된 첫 번째 묘역이다. 지금은 텅 빈 묘역을 알리는 이정표만 남았지만, 전란이 끝난 뒤 조선 수군은 물론, 고깃배를 타고 가던 백성들까지 백의를 입고 줄지어 고금도를 찾아 조문했다.

고금대교는 고금-마량 해협을 가로지르며 마치 파도 위에서 횃불을 지피는 듯

고금도 충무사 전경(완도군청)

한 교각이 아치형 다리를 떠받치는 강아치교이다. 이 충무공 유적은 다리를 건너 자동차로 10여 분 거리인 묘당도에 있다. 본래 고금면 세동리마을회관 앞의 움푹 팬 만(灣) 앞에 마치 곶(串)처럼 묘당도가 있었지만, 이곳이 간척되면서 육지로 변했다. 옥천사에 서서 바다를 등지고 내다보이는 인근 농경지가 이전에는 바다였다고 생각하면 전란 당시 수군 기지를 쉽게 연상할 수 있다. 육지로 둘러싸인 이곳에서 건조된 판옥선들은 묘당도 앞바다로 진수되어 속속 전투 부대를 살찌웠을 것이다. 통제사는 만을 둘러싼 묘당도 인근 해역에 후방 해군 본부를 차리고, 순천 왜성 앞 묘도를 최전방 전투 기지로 삼았다. 임진란은 일본이 도발했지만, 명나라가 참전하면서 한, 중, 일 삼국 전쟁이 되었다. 고금도에서는 이러한 임진란의 특징과 이후 동북아시아 세 나라의 역사적 역학 관계가 고스란히 반영된 유적을 볼 수 있다. 영원히 모진 이웃, 중국과 일본의 오랜 다툼과 상처가 고금도 충무사에도 새겨진 것이다.

애초 통제사가 고금도를 군사기지로 삼은 것은 군사적, 경제적 이점 때문이었다. 피란민에게 정착지를 제공해 군사 물자를 얻을 수 있을 정도로 규모가 크고, 육지 전황이 순식간에 불리하게 뒤집혀도 좁은 해협을 틀어막아, 왜군의 서진을 막을 수 있었기 때문이다. 통제사는 한산도 경험을 살려, 고금도에서 피란민을 통한 수군의 물자 조달에 박차를 가한다. 명량에서 소멸한 군세를 되살려야 했기 때문이다. 마침내 고금도를 중심으로 전란 막바지, 전시(戰時) 경제가 꽃을 피운다. 고금도는 관이 공정할 때 백성들이 자활하는 과정을 모범적으로 보여준다.

무술년(1598) 2월 16일 고이도에서 출항한 조선 수군 본진은 장산도와 진도를 바라보며 벽파진을 빠져나와 동진을 거듭하면서, 모든 승부를 원점으로 돌린 명량해전의 기적을 비로소 실감했을 것이다. 여전히 승리를 장담하기에는 취약한 조선 수군 전력, 이들이 17일 이른 오전 고금도에 닻을 내리면서 새로운 삼도 수군 통제영이 설치된다. 고금도의 동남부 모퉁이가 파도에 깨져 나간 듯이 분리된 묘당도를 중심으로 함진이 배치되고 새로운 통제영은 제법 해군 기지의 골격을 갖추었다. 고하도와 고금도를 오간 선발대가 터를 다듬고 군막을 세우는 등 정지 작업을 마쳤기 때문이다.

고금도는 주변의 섬들이 포근히 감싸고 있어 파고가 낮은 내해의 특징을 갖추고 있으면서도, 뱃길로 지척에는 강진 끝자락 포구와 맞닿아 서해로 가는 길목을 끝끝내 견제하던 한산도와 닮은 지형적 특징을 지니고 있다. 섬의 중앙에는 제법 높은 곳에서 조망이 가능한 산지가 있고, 북쪽과 서쪽, 남쪽의 낮은 산지가 마치 삼발이처럼 중심을 떠받치는 형세여서 사방의 경계와 조망도 용이한 편이었다.

또 김과 매생이, 전복, 굴 등 풍부한 해산물과 비옥한 경지, 염전 등이 조선 수군의 물자 충당을 돕기에도 적합했다.

이 시절 통제사는 군비 확충에 박차를 가했다. 명량의 기적 같은 승리와, 고하도에서 조선 수군이 전열을 가다듬고 있다는 소식을 듣고, 칠천량해전에서 패퇴한 뒤 도주했던 수군이 자원해서 몰려들었다. 병사가 8,000명을 웃돌고 판옥선이 대량 건조되는 과정에서 군량미와 군수물자 부족은 절박한 고민거리로 떠올랐다.

통제사는 우선 해로 통행첩으로 이 문제를 해결했다.

"삼도의 바닷길을 다니는 모든 배는 통행첩을 지녀야 하고, 이것이 없으면 왜군의 간첩선으로 간주한다."는 것.

통행첩은 선박의 크기에 따라 대선, 중선, 소선으로 분류되어 각각 쌀 3섬, 2섬, 1섬과 교환되었다. 바닷길과 물길을 통해 장사하던 상인은 본래 통행세를 내야 했던 만큼 반발하지 않았다. 선주에 대한 신원 조사를 통해 도적의 위험성이 있는 선박을 배제함으로써 도리어 환영하는 분위기가 강했다. 바닷길의 통행을 통제사가 공식적으로 보장하면서 어부와 상선은 자유로운 활동을 보장받을 수 있었기 때문이다. 소선을 가진 선주는 1섬의 쌀로 당당하게 조업 권리를 보장받았다. 더구나 조선 수군의 보호망을 고금도까지 확장하는 과감한 전략도 바다에 매달려 사는 이들에게는 희소식이었다. 고금도를 중심으로 남해와 서해의 어촌은 빠르게 제 모습을 되찾기 시작했다.

다음으로 통제사는 배가 없는 백성들의 자립 기반을 만들기 위해 한산도에서 실험했던 둔전을 대대적으로 확장하면서 농민의 자율성을 높였다. 말뚝으로 경계를 구분 지은 광활한 지역에 민가의 기둥과 목조 골격을 세우도록 목수들에게 지시했다. 피란민의 임시 거처가 구획에 따라 정리되었다. 백성들은 지붕을 씌우고 이엉을 엮으면 곧바로 생활할 수 있었다. 아울러 눈앞에 펼쳐진 둔전은 가옥과 함께 자동으로 배분됐다. 통제사는 가옥들을 헐값에 팔거나, 가을 추수철의 환곡을 약속받고 백성들에게 넘겨 이들의 정착을 도우면서 군량미도 확보했다. 백성들은 안정된 생활 터전을 얻었고 제 손으로 가족을 위한 집을 마무리했다. 거대한 마을이 통제사를 통해 설계되고 백성들의 손에서 탄생하고 있었다. 한산도 5년의 통치 경험이 고금도에 고스란히 적용된 것이다.

봄기운이 선연해진 2월, 고금도에는 전란 속에서도 활기가 넘치고 있었다. 가난한 농민들은 통제영의 소를 빌려 부지런히 논밭을 갈고 파종을 시작한다. 통제영에는 볍씨 등 각종 종자와 그물 재료를 얻기 위한 농부와 어부가 줄을 선다. 고금도는 곧바로 군사와 백성들로 북적이는 도읍지처럼 변모했다. 군막은 물론 거처를 짓는 피란민이 넘쳐났고 곡물과 해산물, 소금 등을 교환하는 장터가 자연스럽게 생겨났다.

총포 등 무기를 주조하는 대장간에서는 백성이 모아온 쇠와 구리 등에 대해 정당한 대가를 지불했다. 전란의 와중이었지만 자유롭고 공정한 상거래 보장은 끊임없이 물자가 충원되는 원동력이 되었다. 구석구석에 감추어진 재화들이 제 가치에 따라 교환되면서 제 역할을 찾아 효율적으로 배분되는 것이다. 통제영을 옮긴 이후 고금도에 쌓인 군량은 1만여 석, 추수 전까지 군량과 군수물자를 조달할 수 있는 재원이 어렵사리 확보된 것이다. 착취나 수탈이 아니라 공정한 거래를 통해 모아졌다. 이 중 일부는 나주 포구의 창고에 옮겨져 필요한 수군 물자와 거래되었다. 이어 통제사는 구리와 쇠를 모아 총통을 만들고 함선을 제작하는 일에도 박차를 가한다. 고금도로 진을 옮긴 후에도 수십 척의 함선이 곳곳에서 동시에 건조되었다. 군세가 점차 한산도 시절에 육박해 갔다. 무술년 봄과 여름, 고금도는 수군이 살아나고 백성이 살길을 스스로 찾아가는 재활의 공간이었다. 북적이는

충무사 비각안에 놓인 관왕묘비, 전란 당시 통제사와 진린의 업적을 기록했다.

통제사가 임시 안장되었던 못자리, 월송대

고금도는 이러한 통제사의 믿음이 틀리지 않았다는 사실을 보여주고 있었다.

현재 묘당도 이 충무공유적 중심에는 이순신 장군이 봉안된 충무사 정전이 자리 잡고 있다. 제사 준비 공간인 서재에서 내삼문을 오르면 중앙에 충무사가 보인다. 그리고 서재 뒤편 비각 안에 놓인 유적은 애초 이곳의 주인공이었던 관왕묘비다. 조명연합수군이 형성된 초기에 관왕묘비는 연합사령부의 삼엄한 군기, 특히 명나라 군대의 위엄을 상징했으며 더불어 조선을 돕는 명나라의 텃세를 노골적으로 내비친 상징물이다. 7월 19일, 고금도 앞바다에 나타난 명나라 수군 도독 진린은 항해 도중 촉나라 관운장이 꿈에 나타나 "조선을 도우라."는 명령을 내렸다면서 관우의 신주(神主)를 모시는 사우를 건립하도록 했다. 두 달여 만에 부랴부라 사우가 완성되었고 관운장 상은 흙으로 빚어져 관우의 묘인 관왕묘가 탄생했다. 이는 연합사령부의 작전권이 자신에게 있음을 보여주기 위한 상징적인 조형물로도 보인다. 진린 자신이 중국 군신 관운장이 돕는 사람이기 때문이다. 진린은 백금 수백 냥을 내는 아량을 보이기도 했는데, 이는 작전권을 얻기 위한 호기로운 행동으로 풀이된다.

오만했던 진린의 기세는 연합 작전을 전개하면서 점차 누그러진다. 특히 절이도 해전을 치르고 이후 해전에서 명나라 수군이 위기에 처할 때마다 조선 수군이 도우면서 진린은 더 이상 작전권을 고집하지 않았다. 현재 비각의 관왕묘비는 조선 숙종 39년(1713)에 세운 것이다. 이 묘비에는 통제사의 전사를 슬퍼한 명나라 수군 장수가 서혈(誓血)하고 귀국했다는 내용이 적혀 있다. 무술년 11월 노량해전에서 전사한 통제사는 남해에서 초빈을 치르고, 83일 동안 안장된 고금도 통제영을 떠나 충남 아산으로 향했다. 당시 도독 진린은 선상에서 통제사의 죽음에 비통해하면서 털썩 무릎을 꿇었다는 이야기가 전해진다. 4개월 남짓한 기간 동안 통제사와 도독 진린의 사이에서는 어떤 일이 일어났던 것인가. 징비록과 선조실록은 진린의 변모 과정을 이렇게 전한다

사로작전에 따라 명나라 육군 선봉이 당도하고 제독 진린이 지휘하는 명나라 수군도 전란 이후 처음으로 조선 해안에 정박한다. 지난 4월 말 5,000여 선발 수군이 요동에 집결, 6월 초 한강의 동작강에 이르러 보름 남짓 머물렀다. 연합군 편성을 위해 고금도로 향하던 26일 수군 나루로 전송 나온 선조는 연합 수군의 지휘권을 요구하는 진린에게 꼼짝없이 수군의 주장(主將) 자리를 양보한다. 이순신이 진린의 부장으로 전락할 처지다. 진린은 송별연에서 "나는 황상의 명에 따라 모든 해전을 지휘하게 됩니다. 조선의 통제사를 포함해 번국의 장수들은 겸

손히 이를 따라야 합니다. 절제하지 않고, 혹 경거망동하는 군사가 있다면 그것이 장수라도 용서치 않을 것입니다. 일체 군법으로 다스릴 수밖에 없습니다.”

선조는 '마땅한 처사'라고 호응할 수밖에 없다. 진린이 떠나자 비변사에 “이는 매우 중대한 사안이니 의논하여 대책을 마련하라.”고 지시했다. 선조 또한 그동안 진린의 인품을 보았기에, 불안감을 감추지 못했다.

유성룡의 고민이 깊어진다. 한양에 주둔하는 동안 진린은 거칠고 안하무인격인 성격을 자랑처럼 시위하고 다녔다. 진린은 물론 휘하 장수와 군관마저 포악했다. 수령에게 욕설을 내뱉고 심지어 폭력을 일삼는 실정으로, 백성에게는 두말할 필요도 없었다. 유성룡은 역관을 시켜, 찰방 이상규의 목에 새끼줄을 매고 끌고 다니던 진린의 군관을 제지했으나 막무가내였다. 다른 군관들도 경멸하는 웃음을 주고받으며 역관마저 농락할 태세였다. 이상규는 옷은 헤지고, 구타로 얼굴은 피투성이가 되어 실신한 상태에서 놓여났다. 재상인 유성룡이 강하게 나서지 않았다면 죽음을 면키 어려웠다.

유성룡은 이날 당상관들이 모인 비변사 회의에서 “이순신의 군사가 패전할 수도 있을 것”이라고 우려했다. 진린이 합류해 오히려 의견이 어긋나고, 그가 지휘권을 빼앗아 조선 수군을 함부로 학대해도 이를 막을 수 없다는 고민이었다. 찰방의 경우처럼 그대로 두면 한정이 없을 것이다. 유성룡은 “이순신 홀로 어떻게 막아낼 수 있겠느냐.”고 한탄한다. 당상관들이 모두 공감했지만 뚜렷한 대책은 없다. 사실을 빨리 알리고 통제사에게 맡길 따름이다. 밤늦게 선조에게 올린 비변사 공문에 이런 우려가 고스란히 녹아 있다.

'중국 장수가 늘 제 마음대로 굴면서 우리와 뜻이 통하지 않을 때가 많습니다. 그리고 공을 세울 만한 일에는 앞장서고, 잘못이 있으면 우리에게 떠넘깁니다. 이순신이 이제 겨우 유랑하는 백성들을 끌어모아 수군을 다시 세웠는데, 중국 장수들이 이를 한 번에 흩어 버릴 우려가 없지 않습니다. 진린은 우리 군병을 직접 거느리고 싶어 합니다. 그렇게 되면 통제사는 군사 없는 장수가 될 것입니다. 대체로 중국 장수를 접대하는 일은 끝이 없습니다. 어쩔 수 없이 저들의 환심을 잃지 않아야 연합군이 짜이는 현실입니다. 수군에게 이를 알려 각별한 주의를 당부하겠습니다.'

이날 통제영으로 비변사 공문이 급하게 내려간다. 진린이 당도하기 전 하루라도 빨리 전하라고 유성룡이 파발에게 다짐을 둔다. 우선 진린의 그간 행적과 성품을 상세하게 전한다. 이어 통제사가 이들을 맞아, 경상 우수사 이순신, 전라 우수사 안위, 충청 수사 오응태 등에게 각별히 일러, 소속 군병을 단속해 달라는 하소연에 가깝다.

16일, 진린이 128척의 함선을 이끌고 고금도 앞바다에 나타난다. 전날, 조선 수군 진영은 초상집 분위기였다. 지난해 칠천량해전에서 전사한 1만여 병사에 대한 제사로 고금도 전체가 향 연기와 곡성에 싸여 밤을 지새웠다. 통제사는 공무를 보지 않았지만, 사냥과 고기잡이를 비롯해 철 이른 과일 등을 수확해 명나라 수군의 연회를 차분하게 준비했다. 진린의 함대는 통제사의 대장선을 포함한, 통제영의 장수 및 군관들의 지휘선들이 맞았다. 숱한 실전을 치른, 판옥선의 군세는 진린이 얕잡아본 육군과는 판이했다. 군기는 엄격하고, 함진은 정연했으며 이순신과 휘하 장수, 군관과 군사들은 갑판에 도열해 절도 있는 예법을 갖추어 진린에게 해상 군례를 갖추었다.

통제사는 이날 성대한 잔치를 벌인다. 소와 돼지, 사냥한 사슴과 노루, 그리고 연안의 해산물, 철 이른 과일이 상을 가득 채웠다. 통제사와 진린이 예물을 교환하고, 술자리가 무르익자 진린의 경계심이 풀린다. 통제사는 조선 수군과 명나라 수군을 양국 지휘관이 모두 처벌할 수 있도록 하자고 제안한다. 진린이 선뜻 수

충무사에 봉안된 이 충무공 영정

용한다. 통제사가 연합 수군의 전시 처벌권을 확보한다. 명나라 군사는 고금도 백성에게 약탈하면 통제영에 잡혀가 곤장을 맞아야 했다. 군기는 곧바로 잡혔다. 해상지휘권을 놓고 통제사와 진린이 팽팽히 대립하던 시기, 왜선 100여 척이 녹도를 침범했다는 척후의 보고가 23일 빗발친다. 통제사가 진린에게 연합 출정을 제안한다. 진린은 일단 후방에서 전투를 관망한다.

　절이도 해전을 승리로 이끈 통제사는 잔치를 열어 안색이 불편해 보이는 진린에게 수급 40개를 넘기며, '조선 수군의 승리가 명의 승리, 명의 승리가 조선의 승리'라고 치켜세운다. 진린은 수급을 얻고, 작전 주도권은 이날 조선 수군에게 넘어갔다. 이후 진린은 통제영 운주당에서 열리는 작전 회의에 꼬박꼬박 참석한다. 고금도를 함께 나갈 경우에도 교자를 나란히 하고 앞서지 않았다. 급기야 진

고금도이충무공유적기념비 옆면에는 '그때의 이곳'을 연상해 보라는 구절이 새겨져있다.

린은 선조에게 서신을 보내 '하늘과 땅을 씨줄과 날줄로 삼아 세상을 만드는 자'
라며, '하늘의 뚫린 곳을 기우고 혼탁해진 해를 목욕시키는 공을 세운 인물'이라
고 예찬한다. 포악했던 진린이 순한 양으로 변했다. 서신을 보는 순간, 유성룡의
고민이 일순간에 달아난다. 조선 수군이 사실상 압도적인 해상 전투력을 갖췄기
에 가능한 일이었다. 이후 진린은 이순신을 이야(李爺)라고 불렀다. '야'는 중국
에서 살아있는 신(神)이라는 의미다.

　현종 7년(1666) 관왕묘비를 보수하면서 관왕묘를 지키고 제사를 지내기 위해
옥천암을 지었고 동쪽에 진린을 배향했다. 이어 숙종 9년(1683)에 이르러 비로소
동쪽과 서쪽에 진린과 이순신을 모두 배향한다. 수호 암자도 옥천암에서 옥천사

로 승격되었지만, 관운장을 중심으로 이순신과 진린이 좌우에 자리 잡은 모양새였다. 여전히 중국 중심의 유적 배치였다.

관왕묘비의 운명은 일제 강점기에 다시금 뒤바뀐다. 일본이 모든 유적을 훼손해 버린 것이다. 이 유물들이 바다에 버려졌는지, 일본에 건너가 있는지 알 도리가 없다. 다만 이순신과 진린의 행적을 담아 숙종 39년(1713) 이이명(李頤命)이 비문을 짓고, 이우항(李宇恒)이 글씨를 쓴 관왕묘비만이 인근 바다에 버려졌다가 복원되었다.

현재의 모습은 해방 이후에 만들어졌다. 충무사로 이름이 바뀌면서 정전에는 선비와 무장을 오가는 단아한 모습의 이순신 영정이 봉안되었고, 동무에는 노량해전에서 전사한 가리포 첨사 이영남의 영정이 있다. 임진란 내내 이순신을 도왔고, 난중일기 짧은 구절구절, 이순신이 마치 친아들에게 느끼는 감정을 내비친 장수다. 아마 통제사가 고금도에서 다시 만나기를 원했다면 가장 먼저 손꼽았을 장수라는 점에서 적절한 배치일 것이다.

"모든 참배객은 말에서 내려 경건하게 걸으라."는 하마석을 지나 홍살문을 거쳐 외삼문을 통과하면, 충무사 편액이 걸린 중문이 맞이한다. 외삼문은 일종의 정문 격으로 가운데 문은 흔히 수령과 사신·빈객들이, 왼쪽 문으로는 향토의 양반이나 아전들이, 오른쪽 문으로는 군관이나 장교 또는 백성들이 드나들었다. 구태여 이런 관습을 따질 필요가 없지만 오른쪽 문을 고집해 본다. 바닷가를 굽어보는 유적비에서 읽었던 문구가 내심 떠올랐기 때문이다.

"읽는 이여, 저 푸른 바다와 멀고 가까운 섬과 산이 그때의 그것이니, 여기서 이 충무공을 생각하라. 친히 뵈옵는 듯하리라."

중문을 나서면 동재와 서재, 그리고 관왕묘가 있는 비각을, 내삼문을 지나면 사당을 비롯, 좌우에 서무와 동무가 자리 잡고 있다.

충무사의 오른쪽은 울창한 수목으로 뒤덮인 산책로와 가뭄에도 마르지 않는 우물이 있다. 전란 당시 통제사와 병사들의 갈증을 해소해 준 이곳이, '그때의 그것'이다. 충무사 입구에서 작은 언덕에 올라서면 월송대다. 통제사가 임시 안장되었던 못자리다. 소나무 사이로 달이 비추는 곳, 울타리가 쳐진 공터에 불과하지만, 나라를 지킨 거인의 기운이 가득 찬 곳이다. 충무공 유적비와 관리사는 월송대 아래 바닷가에 있다.

음력 3월 8일은 통제사의 탄신일이다. 병신년(1596) 3월 8일의 난중일기에는 전쟁이 다소 소강상태에 접어든 때문인지 통제사의 생일잔치가 제법 상세하게 묘사된다. 안골포만호 우수와 가리포첨사 이응표가 큰 사슴을 한 마리씩 보내왔고, 전날 녹도만호 송여종이 보낸 노루 두 마리가 더해져 잔칫상이 마련된다. 공무를 마친 전라우수사, 경상좌우수사, 첨사, 만호, 우후, 현감 등이 몰리면서 통제영이 북새통을 이루었다. 병사들의 문안 인사가 줄을 잇고 술자리는 늦게까지 이어진다. 이후 통제사는 딱 한 번 생일상을 더 받았을 것이다. 정유년(1597) 3월에는 투옥된 상태였기 때문이다. 통제사가 전사하기 전 마지막 생일상을 받은 곳도 고금도이다.

고금도에서 약산연육교를 건너면 10여 분 거리에 약산면사무소가 있고, 흑염소 식당이 눈에 띈다. 전골과 탕 모두 잔 냄새가 없고, 고기는 쫀득했으며 국물은 구수하면서도 적당히 얼큰했다. 통제사의 마지막 생일 잔칫상에는 무엇이 올랐을지 잠시 상상해 본다.

임진란 당시 명나라 군대는 이중적인 속성을 지녔다. 위기에 처한 조선을 구하는 원병이지만, 동시에 자국의 이익을 위한 개입군의 성격도 짙었다. 따라서 우군의 순수한 자원봉사로만 볼 수 없을 뿐만 아니라 일부 명나라 군대는 수탈도 함부로 자행했다. 전란 막바지 조명연합군이 1만여 명 이상의 사상자를 낸 울산성

'대인이나 소인을 막론하고 모두 말에서 내리라'는 하마비가 충무사 입구를 지키고 서 있다.

고금도 입구에는 완도 이순신기념관이 자리하고 있다.

전투에서 명나라 군대는 극심한 타격을 받았다. 아무런 성과 없이 혹한 속에서 동료를 잃은 명나라 병사들이 퇴군 중 일부 폭도로 변했고, 한두 병사가 조선 백성들에게 거친 행패를 부리면 마치 염병처럼 퍼져나가 군율을 삽시간에 무너트리기도 했다. 선조실록의 한 상소문은 당시 상황을 이렇게 전한다.

"명나라 군사들은 추위와 배고픔에 지쳐 삼삼오오 무리 지어 퇴각하며 지휘체계는 사라졌다. 백성들이 마을 어귀에 음식을 들고나와 나누었다. 굶주린 백성들은 원정에 나선 이웃 나라에 성의껏 고마움을 표시했다. 감사하게 받는 명나라 병사도 있지만 끝없는 퇴각 행렬에 음식은 부족했다. 거칠게 난동을 부리던 명나라 병사가 이윽고 창검을 빼든 채 마을로 향하면서 도적 떼로 돌변했다. 부엌을 헤집어 허기를 채운 뒤 바들바들 떨고 있는 여인들에게 눈을 돌린다. 가로막던 남편에게 칼날이 번뜩이며 마당이 피바다로 변했다. 살육과 강간의 광기가 일순간 마을을 덮었다. 한 노파가 조선인으로 보이는 나의 도포 자락을 붙잡고 주저앉아 울부짖었다.

"굶주림을 참고 쌀을 찧어 음식을 낸 것은 왜적을 몰아내 달라는 것인데 이제 명나라 사람마저 도적이 되었으니, 우리는 누굴 믿고 살길을 찾습니까."

노파는 그 자리에서 실신했다. 우리 백성들의 불행이 한결같이 이 지경에 이르렀다. 절로 흐르는 눈물을 주체할 수 없다."

진린은 드라마 등 대중매체에서 대부분 부정적인 평가를 받는다. 실제 명나라 군대는 마치 점령군과 같이 극심한 횡포도 부렸기 때문이다. 그런데 정작 진린은 주둔 초기에는 어떤지 알 수 없으나 조선 땅을 떠날 때 조선에 깊은 애정을 지니고 있었음이 증명된다. 진린의 후손 2,000여 명은 한국에 살고 있다. 전남 해남군

산이면을 중심으로 광동(廣東) 진(陳)씨 집성촌을 이루고 있다.

진린은 1543년 중국 광둥성에서 태어났으며, 이순신보다는 두 살이 많았다. 그는 정유재란 당시 수군을 이끌고 파병되었으며 계급은 제독보다 한 단계 아래인 도독으로, 삼도수군통제사 이순신보다 낮았어도 대국 장수라는 자존감에 차 있던 인물이다. 이런 그의 후손들이 한국에서 살게 된 연유는 임진란 이후 국력이 쇠퇴한 명나라 멸망에서 비롯된다. 진린의 아들 진구경(陳九經)은 중국 애산에서 청나라 군대와 싸우다 죽었으나 아들 조(詔)는 난징(南京)에서 해안으로 빠져나와 조선에 망명한다. 이들 부자에게 조선은 우호적인 땅이었고 여기에는 조선에 대한 진린의 애착이 고스란히 작용했을 것이다. 그는 거제시 장승포에 도착한 뒤 고금도에 정착해 둥지를 틀었다. 이후 그의 아들 석문(碩文)이 해남 황조마을로 이주해 망명가문의 뿌리를 내린다. 황조(皇朝)는 '중국 황제의 조정'에서 공을 세운 집안이라는 뜻이다. 마을 복판에는 진린 장군을 기리는 사당 '황조별묘(皇朝別廟)'가 있다. 전란과 망국이라는 거대한 역사적 소용돌이가 한 개인의 운명을 송두리째 바꾸고, 국경을 뛰어넘어 전혀 새로운 인연을 만들어 낸 것이다. 통제사가 알았더라면 이들을 환대했을 것이다. 극한 상황에서 맺어진 인연이 꼭 악연이 되지는 않는다는 사실을 통제사와 진린이 보여준다. 진린은 통제사의 전사 소식을 듣고 주저앉아 선상에서 통곡했다. 조명 수군은 전투가 거듭되면서 진정한 연합을 이루어 갔던 것이다.

15

거금도(居金島)

제2 한산 해전으로
조선 수군의 부활을 알리다.

15. 거금도(居金島)
- 제2 한산 해전으로 조선 수군의 부활을 알리다.

거금도는 난중일기에 절이도라고 기록된다. 전라남도 고흥반도 서남단 도양읍에서 소록도를 사이에 두고 2km 남짓한 거리, 2011년 완공된 거금대교를 타고 소록터널을 지나 소록대교를 건너면 육지와 연결된다. 섬 북단 끝자락에 상륙하면 거금휴게소를 만날 수 있는데 특이한 조형물이 눈길을 끈다. 막 잠에서 깨어난 거인이 넘치는 생명력으로 별을 잡으려는 찰나를 표현하고 있다. 이 별은 인간이 지상에서 숨쉬는 한 영원히 잡을 수 없기에 더욱 절실한 염원과 영원한 매력을 지니고 있는지도 모른다.

휴게소 한켠에는 '절이도 해전 승전탑'이 우뚝 서 당시 격전지인 우동도와 소록도를 활처럼 잇는 거금도 앞바다를 지킨다. 절이도 해전에 대한 사료는 그리 많지 않은데다 그 내용도 서로 엇갈리지만, 단편적으로 기록된 공통된 사실만 보아도 한산해전에 버금가는 승전보로 볼 수 있다. 더구나 이 해전을 통해 조선 수군은 칠천량해전의 치욕을 다소나마 씻어내고 조선 수군의 부활을 공식 천명할 수 있게 되었다. 또 조명연합수군이 치른 첫 전투였지만 명나라 도독 진린의 소극적인 태도로 전투는 시종일관 조선 수군이 주도하게 되었다. 해전 이후 명나라 진린은 조선 수군을 얕보던 태도를 버리고 상호 대등한 연합 수군의 구성에 동참하는

거금 휴게소에 '꿈을 품다'는 주제로 세워진 조형물은, '고흥은 우주다'와 '고흥의 흥'을 형상화했다.

제2 한산해전으로 불리는 절이도 해전 승리를 기리기 위한 '절이도 해전 승전탑'이 거금대교를 배경으로 서 있다.

태도를 보인다. 절이도 해전은 소록도와 거금도 사이를 빠져나온 왜 선단이 우동도 앞바다에 이르렀을 때, 조선 수군이 함진 중앙을 잘라내고 학익진의 포망에 갇힌 왜 수군을 섬멸하는 일방적인 양상으로 전개되었다. 잘려진 왜 선단의 꼬리는 몸통을 두고 전투가 발발하자 도주하게 된다. 이 또한 한산해전의 복사판이다.

무술년(1598) 7월 23일, 왜선 100여 척이 동쪽에서 빠져나와 녹도로 침범한다는 척후의 보고, 통제사는 진 도독에게 동시에 출항할 것을 제안했다. 첫 연합 수군 작전이었다. 함대가 금당도에 이르자 왜군의 척후선 2척이 빠르게 도주한다. 이날은 소강상태, 눅눅한 샛바람이 약하게 일었다. 통제사는 서두르지 않고 절이도 일대에 함진을 배치한다. 녹도만호 송여종이 미끼를 자처한다. 칠천량해전의 패배 이후, 명량해전에서 보인 소극성에 대한 부끄러움이 녹아 있었을 것이다. 본진의 선봉을 맡으라는 통제사의 제안을 침묵으로 거절하며 고집을 부렸다. 모두 8척, 녹도군이 절이도 앞바다에 전진 배치된다. 나머지 본진은 남북으로 서서히 분리된다. 첫 출전에 나선 도독 진린은 30여 척의 배와 함께 후방에 포진, 일단 관망한다.

24일 새벽, 짙은 바다 안개가 깔린 절이도 해상에 발포와 녹도를 빠져나온 왜 대선 및 전투선 백여 척이 모습을 드러냈다. 명량해전 이후 가장 대규모 함진, 움츠렸던 왜군이 뜻밖에도 전면전을 걸어왔다. 도성으로 향하는 서해의 바닷길에 대한 미련과 지난해 여름 칠천량 승전의 기억을 버리지 못했을 것이다.

송여종이 8척만을 거느리고 본진의 합류를 기다릴 것도 없이 왜선의 선봉에 곧바로 함포사격을 가하면서 전초전이 시작된다. 함진을 이끌던 왜선 6척이 깨져 나가고 바다로 뛰어드는 몇몇 왜병들의 모습이 어슴푸레 잡힌다. 조선 함대는 침몰하는 왜선을 들이박으면서 본진의 진격로를 대담하게 가로막은 채 화살과 편전을 날리고, 낫과 갈고리로 바다를 훑고 있다. 왜 본진이 8척에 불과한 녹도군을 덮어 버릴 듯한 기세로 달려들고, 여기에 거금도와 소록도를 방패 삼아 남북에 포진했던 조선 본진이 안개를 뚫고 불쑥 나타나면서 본격적인 전투가 시작된다. 조선 함대가 왜 함진의 중앙을 향해 일제히 함포를 쏟아내자 한순간에 허리가 무너진다. 본진의 판옥선이 들이닥쳐 왜 수군의 허리를 파고들며 남북으로 연결된다. 거대한 바다뱀을 연상시키는 순간 왜선의 함진은 두 동강 나 있었다. 총성과 포성, 선체의 충돌음과 병사들의 함성이 포위망의 완성을 알린다. 포위된 왜선은 속속 깨져 나가면서도 부나방처럼 달려들며 탈출 수로를 찾아 흩어지지만, 차례차례 함포에 걸리면서 제자리에 주저앉는다. 모두 50여 척이 균형을 잃고 바다를 맴돈다. 포격전은 이제부터 조선 수군의 살육전으로 변한다. 안개가 걷히면서 포위망 외곽의 나머지 50척은 7년 전쟁을 함께 한 전우를 버리고 속수무책으로 도주한다. 조선 함대가 둥근 원을 그리면서 무너진 왜 함진의 중앙을 향해 독이 오른 뱀처럼 사납게 똬리를 튼다. 사지가 마비된 사냥감을 삼키는 수순. 함선의 충돌 소리가 비명처럼 이어지고 화살과 편전이 날아가자 왜병들은 서둘러 조총과 환도, 군장을 던진 채 잇따라 바다로 뛰어든다. 한 맺힌 바다뱀이 요동치며 절이도 바다가 온통 불길에 휩싸인다. 전투를 포기한 왜병들이 살아남기 위한 전쟁을 시작한다. 침몰하는 왜선을 불사르고 바닷속 왜병을 최후까지 찾아내 도살하는 전투의 막바지, 조선 수군의 광기 어린 살기로 한낮의 여름 바다가 서늘하게 식고 있다. 짚단과 불화살, 신기전이 왜선을 향해 날아가고, 편전과 화살이 숨 돌릴 틈 없이 바닷물을 가르고, 갈고리와 낫이 계속 바다를 찍어댄다. 낫에 찍힌 푸른 바다는 금세 시뻘건 피를 흘린다. 포망을 벗어난 왜선들이 서둘러 후퇴하면서 수급에는 관심을 두지 않던 조선 수군이 이날은 우리에 갇혀 공포에 질린 왜병의 몇몇 머리를 차분하게 베어 낸다. 모두 70여 수. 바다와 갑판은 이미 피로 물들어 있다. 머리 잃은 시신이 바다를 떠다닌다. 운수 좋은 일부 왜병들은 가까스로 뭍과 포구로 기어올라 허겁지겁 숲속으로 도주한다. 조선 수군은 지난해 7월 칠천량에서 맺힌 한을 다소나마 풀어낸다.

후방에서 구경하던 명나라 수군이 조선 수군의 능숙하고 무자비한 전투에 놀란다. 뒤늦게 합류했지만, 왜선은 이미 사라지고, 숨을 거둔 사냥감은 흔적조차 희미하다. 명나라 천총이 넋을 놓고 전투 장면을 보고 있었다.

이날 통제사는 고금도 운주당에서 명나라 수군을 위한 잔치를 열었다. 도독 진린의 안색이 불편해 보인다. 관망만 하던 자신에 대한 뼈아픈 자책일 것이다. 하지만 통제사가 '조선수군의 승리가 명의 승리, 명의 승리가 조선의 승리'라며 대부분 왜군 수급을 넘겨주자 잔치 분위기는 무르익었다. 통제사는 이날 잔치를 파

고흥군 금산면에 있는 김일기념체육관

하고 명군에게 어쩔 수 없이 수급을 넘겼다는 장계를 조정에 올렸다. 조명 수군의 불협화음이 서서히 걷혀가면서 연합이 완성되고 있었다. 그리고 해전의 주도권이 조선 수군에게 넘어가는 날이기도 했다.

 '거금도 해전 승전탑'은 눈에 보이는 조형물이지만, 그날의 전투는 이미 역사속으로 신기루처럼 사라졌다. 하지만 거금도 앞바다에서 기록을 토대로 상상을 통해 그날 해전을 재구성해 볼 수는 있다. 휴게소 거인의 조형물처럼 인간은 누구나 우주이고, 하늘의 별마저 따내기를 염원하는 상상력의 존재이기 때문이다.
 거금대교를 지나 국도를 타고 금산중학교와 금산면사무소를 지나면 '김일기념체육관'을 만난다. 1960~70년대 산업화 초기, 궁핍한 삶에 허덕이던 국민이 흑백

절이도목장성은 옛 시절의 흔적을 제법 오랫동안 간직하고 있다.

TV에 모여 앉아 나름의 꿈과 희망을 키웠던 '박치기왕' 김일을 기념하는 장소다. 인근에는 김일 선수 생가도 보존되어 있다. 거금도는 김일의 공로로 전국의 섬 중에서 처음으로 전기가 들어왔다. 그의 팬이었던 박정희 전 대통령이 청와대에 초대해 소원을 묻자 '고향 거금도에 전기가 들어오는 것'이라고 답했고, 대통령의 특별 지시가 떨어지면서 거금도에 불을 밝히게 된다. 절이도 해전에서 승전한 통제사에게 선조는 아무런 소원도 묻지 않았다. 무술년 7월은 칠천량해전에서 전사한 장수와 군관, 병사들을 추모하는 1주기 향불이 온통 한양과 남도를 뒤덮은 시기이다. 선조는 소원을 물을 염치조차 없었을 것이다.

거금도는 큰 섬이어서 조선시대에는 제주도에 이어 남해안에서 말을 키우는 대표적인 목장 섬이었다. 김일기념체육관에서 거금일주로를 타고 남쪽 해안가를

거금도 소원동산 전망대에서는 바다와 섬, 마을과 등대가 어우러진 전망이 전개된다.

달리다 금성로로 빠지면 '절이도 목장성'으로 향하는 샛길을 알려주는 이정표를
만난다. 목장성은 적의 침입을 막기 위해서가 아니라 방목하는 말이 도망치는 것
을 방지하기 위해 쌓은 3단 계단식 석벽 울타리이다. 거금도에서 가장 높은 봉우
리인 적대봉과 용두봉의 중간 계곡을 연결해서 성을 쌓아 축성의 효율성을 높였
다. 북쪽을 제외하고 확인된 구간만 4,652m인 방대한 규모로 물과 풀이 풍족해
서 말 800필을 방목할 수 있다는 구절이 조선왕조실록에서 확인된다. 거금도는
전란 중 대표적인 목장성 역할을 수행하면서 육지에 말을 키워 보내고 수군에게
는 둔전을 일궈 식량을 조달한 군수기지였던 셈이다. 지금도 목장섬 유적이 남아
있어, 한때 주민들은 편평한 돌을 주워 온돌 구들을 놓았던 어린 시절을 기억한다.
　거금도의 최정상은 해발 592m 적대봉이다. 정상에는 지름 7m 봉수대가 여전

한 모습으로 잘 보존되어 있다. 해남의 천
관산 봉수대와 연결된다. 거금도는 해안가
를 빙 돌 수 있는 거금일주도로가 완공되어
당일치기 여행을 통해서도 사방의 해안 풍
광을 여유롭게 볼 수 있다. 한적한 도로에
서 중간중간 주차장이나 휴게 공간을 찾으
면 여지없이 푸른 바다가 시야에 들어온다.
계단과 데크 전망대 등도 곳곳에 잘 꾸며져

월포마을 매생이 칼국수는 바다향을 고스
란히 입안에 전해 준다.

있다. 청석마을을 지나 접어든 소원동산은 일종의 전망대이다. 마을과 등대, 바다
와 섬 이 전망대 아래에서부터 원근으로 펼쳐진다.

금의 시비공원은 바다를 향한 사각 데크가 전망대이다. 막힘 없는 남해의 탁 트
인 모습을 볼 수 있고 데크 계단을 타고 내려가면 바닷가에 이른다. 경사진 숲길
을 빠져나가면 세상과 단절된 무릉도원 같은 은밀한 바다를 만난다. 거금도를 해
수욕장의 천국이라고 부르는 이유가 실감 난다. 나 홀로 해수욕을 즐길 수 있다.

거금도 월포마을은 매생이 특산지이다. 매생이는 조금이라도 오염된 바다에서
는 녹아버려 생육이 불가능하다. 청정해역이라는 의미다. 마을 공동작업장은 수
확철에 '겨울 바다의 귀족' 혹은 '보물'로 불리는 매생이가 가득 들어찬다. 매생이
칼국수는 바다향이 가득하며 식감이 부드럽다. 국수 가락과 얽힌 검푸른 매생이
가 들어 올려도 끊기지 않는다. 굴과 어울린 해물 육수가 맛을 더해 하루 종일 눈
으로 보고 몸으로 느낀 남녘 바다가 응축되어 입안으로 들어온다. 매생이 국은 식
은 것처럼 보여도 뜨거워 성급하게 들이키면 입을 데기 십상이다. 그래서 장모가
미운 사위에게 준다고 한다. 우리와 일본의 관계 또한 아무리 식어 보여도 여전히
식은 것이 아니다.

16

묘도(猫島)와 장도(獐島)
왜군의 숨통을 끊기 위한 막바지 전투

16. 묘도(猫島)와 장도(獐島)
- 왜군의 숨통을 끊기 위한 막바지 전투

　　　　　　　　여수시 묘도와 광양시 금호동을 연결하는 이순
신대교는 총연장 2,260m인 현수교이다. 세계에서 가장 높은 270m의 주탑과 주
탑이 현수 케이블을 끌어당겨 교량을 유지하는데, 두 주탑 사이 거리는 1,545m
이다. 충무공 이순신이 태어난 을사년(1545)을 경축하는 상징성을 담고 있다. 순
수 우리 기술로 시공한 첫 현수교로, 주탑과 상판, 현수 케이블이 절묘한 힘의 균
형을 만들어 내는 토목공사의 완결판이라고 할 수 있다. 상판을 유지하는 케이블
굵기는 67.7cm, 표면상 한 줄처럼 보이지만 그 속에 1만 2,800가닥의 강선이 촘
촘히 박혀 힘을 분산해 지탱하게 된다. 싸리나무 가지는 쉽사리 휘어지지만, 이를
묶어놓은 싸리 빗자루는 같은 굵기의 장작보다 훨씬 더 강도가 높다. 전쟁도 마찬
가지다. 이순신 장군이 조선 수군을 지휘하는 주탑이라면 수만 명의 이름 없는 병
사들은 조선 수군을 버티고 완벽한 승리를 이끌어낸 '이순신대교'의 강선들이다.

　다리를 건너기 전 광양시 중마중앙로를 따라 조성된 이순신대교 먹거리타운은
군데군데 공터가 많아 다소 한산한 느낌이다. 잘 관리된 공터에는 화분들이 정갈
하게 놓여있고 갓길을 비롯해 시립 및 민간 자율 공영 무료 주차장이 곳곳에 마
련되어 주차 장소는 넉넉하다. 눈에 띈 몇몇 면옥집 중 '대기 공간'이 마련된 가게

이순신대교의 굵은 현수케이블 속에는 1만2,000여개의 강선이 숨어
제각각 힘을 유지하는 역할을 해낸다.

가 눈길을 끌었다. 해물육수냉면에 육전이 곁들여지는 진주 등 남도풍으로, 육전
의 무거운 식감을 냉면 육수의 깔끔한 시원함이 씻어준다. 자극적이지 않으면서
도 이질적인 재료가 조화되는 이중적인 맛이다.

이순신대교를 건너면 곧바로 이순신대교 홍보관을 만날 수 있다. 광양 홍보관
과 임진왜란 해전 상황도, 그리고 간단한 먹거리를 갖추고 있다. 영상관 등은 다
리와 얽힌 이야기를 전하고 있으며 이순신대교에 사용된 케이블과 세계의 교량
에 대한 설명을 접할 수 있다. 그러나 주된 목적지는 홍보관 왼편으로 급경사 구
간을 이루며 좁게 형성된 묘도 봉화산 전망대로 가는 길. 중턱까지 좁은 자동차
길이 아슬아슬하게 이어지다 끝자락에 차량 다섯 대 정도의 주차 공간이 나오자

이순신대교 광양시 방면에 조성된 먹거리타운, 다양한 식당들이 관광객을 기다리고 있다.

묘도 봉수대, 남으로 방답진과 전라좌수영 북봉 등으로 연결되는 사이 봉수 역할을 했다.

반가운 마음이 든다. 전망대까지 거리는 200여m로 그리 가파르지 않아, 가볍게 심호흡을 하면서 20여 분 산책 삼아 오르다 보면 정상을 가리키는 데크가 보인다. 이어 말묘도 봉화산전망대 봉수대가 허리에 작은 돌길을 내주며 정상을 허락한다. 순천 왜교성, 여수, 광양, 남해 평산포, 그리고 사천을 거쳐 노량으로 들어오는 모든 함선들의 드나듦을 한눈에 볼 수 있는 요충지이다. 통제사 이순신은 척후선을 비롯해 묘도 봉수대 등에서 전해지는 첩보를 종합, 왜수군 움직임을 속속들이 파악해 노량의 최후 해전에 나섰을 것이다. 묘도 봉수대의 역할은 막중했다. 순천왜성에 독버섯처럼 움츠린 채 귀향의 탈출로를 찾고 있는 왜군 동태를 면밀하게 감시하는, 전란 막바지 최전선 기지의 레이더망에 해당했기 때문이다. 봉수대 주변에 2km에 달하는 도독성의 석축과 포대가 설치되었다지만 수목이 우거져 쉽사리 그 흔적에 접근해서 확인할 수는 없다.

난중일기에는 묘도가 유도(柚島)로 기록되어 있다. 도요토미 히데요시(豊臣秀吉·풍신수길) 사망 소식이 조선에 날아든 무술년(1598) 9월부터 이 일대는 크고 작은 전투가 끊이지 않는 조명연합수군의 최대 격전지로 떠오른다. 고니시는 고국으로 가야 했지만 통제사는 보내 줄 수 없었다.

20일 자정이 조금 지날 무렵, 북상한 함대는 새벽녘 유도에 이르렀다. 밀물을 기다려 협수로를 파고들 것이다. 왜선은 육지로 움푹 패어 들어간 신성포에 정박한 상태다. 왜 본국을 향하게 될 마지막 희망의 끈, 필사적으로 감추어 둔다. 송도를 돌아 협수로를 타면 순천왜성이 시야에 들어온다. 하지만 왜군은 수로 곳곳에 이미 말뚝을 박아 함대의 순항을 방해하고 있었다. 때맞추어 육지에서는 도원수 권율과 제독 유정의 부대에서 함성이 들린다. 왜성 북단에서 포성과 더불어 검은 연기가 피어오르기 시작한다. 이들이 왜군을 둥지에서 밀어낼 것인지, 여부가 전투의 승패를 가늠하는 잣대가 될 것이다. 천자총통의 철환이 간혹 순천 왜성의 견고한 돌벽을 파고들었지만, 수군만으로 치명타를 가할 수는 없다. 수군은 협수로를 순회하면서 순차적으로 포격을 퍼붓는다. 굴속에 숨은 왜군도 간헐적으로 조총을 발사했고 철환이 이따금 함선에 박힌다. 이어 편전과 화살로 어김없이 응수한다.

21일, 새벽부터 함대는 유도를 거점으로 다시 협수로를 공략한다. 밀물이 제법 높아 해안에 바짝 접근한 함대는 이번에는 함포와 화살을 적의 진영에 동시에 쏟아붓는다. 웅크린 왜군과 이를 끌어내려는 조선 수군의 공방전이 하루 내내 이어진다. 저녁 무렵 후방의 남해에서 출항한 왜선이 멀찌감치 떨어져 조선 본진을 정탐했지만, 척후선에 걸린다. 신기전이 날카로운 소리와 함께 솟아오르고, 허사인이 경쾌선을 타고 추격한다. 팽팽하던 거리가 좁혀들자 왜군들은 뭍에 배를 버리고 능선으로 도주한다. 전의를 상실한 왜군들, 이제 그들의 목적은 무사히 고향에 돌아가는 것뿐이다. 하지만 통제사는 7년 전란의 고통을 최후까지 되갚겠다는 결의를 감추지 않는다. 단 한 척의 왜선도 집요하게 추적하도록 명령한다. 요구금이 날아가고 군수품이 실린 왜군의 배가 끌려 나온다. 무기마저 버리고 황급히 도주했다. 뚜렷한 전공이 없어 초조한 도독 진린에게 통째로 넘겨진다.

22일, 새벽부터 전투가 재개된다. 육지의 공세가 한풀 꺾였는지 해안가에 배치된 왜군 수가 부쩍 늘어 있다. 함대가 해협에 들어서자 조총이 거세게 불을 뿜는다. 함포의 철환이 원거리 비격진천뢰로 교체된다. 왜군 진지에 명중해서 폭발음이 다시 들리면 피와 살이 동시에 튀어 오른다. 능숙한 사수들이 흔들리는 선상에서 하늘로 화살을 날리면, 얼마 뒤 적진 가운데 정확히 떨어지는 포물선 끝자락에서 낚시에 걸린 물고기처럼 왜병이 몸을 뒤집는다. 갑판이 낮은 명나라 함대가 무모하게 해안에 접근하자 굴속에서 수십 명의 왜군이 기다렸다는 듯 동시에 모습을 드러내며 조총을 퍼붓는다. 7년 전란을 살아온 조선 수군도 이미 죽음의 공포를 잊었다. 명나라 함선을 제치고 한 치라도 더 왜진에 다가서기 위해 필사적이다. 좁혀진 사거리만큼 생과 사의 경계도 불분명하다. 편전이 왜병의 가슴을 관통하고, 조선 수군이 피 흘리는 머리를 움켜쥐는 모습이 동시에 목격된다. 명나라 대장선의 장루에 조총이 집중된다. 연기가 사방에서 치솟고 유격 마귀의 지휘소를 방패가 황급히 뒤덮은 뒤, 마귀가 부축을 받으며 내려온다. 갑판의 군사 십여 명도 한순간에 나뒹굴었다. 급하게 배를 몰아 이들을 엄호하던 옥포 만호 이담이 철환에 맞고 흑각궁을 놓친다. 지세포만호가 뒤를 이어 최전선에 뛰어들자 장루에는 여지없이 조총이 집중된다. 조명 함대와 왜군의 참호전은 이날 내내 이어졌다.

23일 도독 진린이 성질을 부렸다. 통제사의 장수들에게 명나라 군사의 죽음에 대한 책임을 추궁한다. 장수들은 묵묵히 감내한다. 이들을 안고 싸우는 것이 그래도 유리하다. 24일 명나라 천총 진대강이 육지로 나갔다. 또 권율의 공문을 충청병사 이시언과 군관이 가지고 왔다. 남해 사람 김덕유 등 5명이 순천 왜성의 상황을 상세하게 전한다. 철군을 위한 몸부림으로 왜군의 동향이 압축된다. 25일 천총이 돌아와 제독 유정의 편지를 전했다.

"육지에서 공성을 위한 장비가 아직 부족해 관망하고 있다."

소강상태는 26일까지 이어진다. 의병장 정응룡이 찾아와 경북 일원의 왜성에 대한 동향을 전한다. 27일 보슬비가 내리고, 하늬바람이 거세다. 흥분이 가라앉은 도독 진린은 차분하게 통제사와 전략을 숙의했다. 다음날 더욱 거세진 하늬바람이 전투를 막았다. 조명 수군에게는 여전히 불리한 날씨.

30일 명나라 유격 왕원주, 유격 복승, 파총 이천상이 함선 100척을 가지고 진에 합류했다. 조선 장수들에게 화를 낸 것이 미안했던지 도독 진린이 적극적이

묘도의 도독마을, 마을 곳곳에는 전란 당시의 조선 수군을 묘사한 벽화가 그려졌다.

다. 대국의 장수라는 자존심을 포기하고 전쟁에 몰입하는 군인 근성을 보인다. 통제사가 고마움을 표시한다. 한밤에 모든 함선에 불이 켜진다. 유도 일대의 바다가 거대한 등불 행렬을 이루고 있다. 왜성에서도 충분히 보이는 거리, 일만여 명이 집결해 있는 순천 왜성의 고니시 유키나가(小西行長·소서행장) 부대에게 바닷길을 열어 줄 수 없음을 알리는 신호였다.

묘도의 묘(猫)는 고양이를 의미한다. 여수시 중흥동의 영취산 자락에서 보면 독수리 머리 형상을 한 영취산 정상과 서로 마주 보고 먹이를 다투는 듯하다. 또 영취산에서 광양만을 바라보면 묘도를 비롯, 서치도, 송도 등 크고 작은 섬과 현재는 뭍과 연결된 우순도도 보인다. 주민들은 묘도를 고양이섬, 서치도를 쥐섬, 우순도를 누룽지섬이라고 부른다. 우순도는 서치도 앞에 있으니 쥐 앞에 누룽지고, 서치도는 묘도 앞에 있으니 고양이 앞에 쥐가 된다. 영취산에서 묘도와 서치도 그리고 우순도를 바라보면 먹이 사슬을 이루고 있는 형국이다. 임진란 당시 왜군과 명나라, 그리고 조선군이 자국의 이익을 두고 이러한 먹이 사슬을 이루고 있었다.

이순신대교를 건너 묘도교차로에서 좌회전하면 금세 당시 명나라 수군 도독 진린이 진을 펼친 도독마을에 이른다. 진린의 주둔지에서 유래된 도독포에는 한때 이순신과 진린의 조각상이 바다를 등지고 마을을 바라보며 마을의 수호신 같은 느낌을 주었지만, 이제는 철거되었다. 도독마을회관 주변으로 옹기종기 모인 민가에는 '역사와 테마가 있는 벽화거리'가 조성되어 있다. 임진란 당시 해상 전투 장면과 조선 수군의 보직별 복장과 무기, 훈련하는 병사, 명궁이던 이순신 장군의 활 쏘는 모습들이 소박하게 그려져 끔찍한 전란이 연상되기보다 오히려 정겨운 느낌을 준다. 흐르는 세월 속에서 빛이 바래 퇴색한 벽화는 담벼락에 녹아들어 고풍스러운 맛을 더한다. 이 마을에서는 이순신대교가 마치 거대한 화살처럼 휘어져 보여, 하늘로 곧 화살을 쏘아 날릴 듯한 기세를 풍긴다.

통제사 이순신의 함선은 현재의 묘도초등학교 묘도분교장에서 300m가량 내려간 선장개 포구에 정박했다. 이순신이 병선을 대피시키고 군사를 조련시킨 장소로 창촌마을로도 불린다. 육지에서 실려 온 곡식과 무기, 묘도의 세 개 마을에서 나온 어패류, 곡식류 등을 보관, 교환해 창촌이라는 지명이 붙었다. 제방 넘어 외롭게 떠 있는 소담도를 사이에 두고 조선함대가 산개해 있었을 것이다. 요컨대 묘도의 남쪽 해안 선장개에는 이순신, 북쪽 도독포에는 진린 부대가 각각 주둔했다고 볼 수 있다.

이 무렵 진린은 이순신에게 감화된 상태였다. 절이도 해전 등을 목격하면서 이미 선조에게 이순신을 극찬하는 글을 올렸다. 그럼에도 진린의 태도는 여전히 이중적이었다. 전쟁을 서둘러 종결해서 자국 병사를 보호한 채 회군하고 싶었을 것이다. 하지만 이순신은 왜군을 단 한 명이라도 살려 보내면 전란은 끝난 것이 아니라고 난중일기에서 토로한다. 이에 비해 때때로 조급증에 빠진 진린은 왜 수군과 물밑 협상을 벌이는 이중성을 보였고 이것이 노량해전의 시발탄이 된다. 무술년 10월 초 전투는 다시 시작된다.

2일 새벽부터 전투가 재개된다. 전투는 점차 과감한 근접전의 양상으로 전개된다. 수로의 말뚝을 조선 수군이 꾸준히 제거하면서 연안 접근이 용이해졌다. 그만큼 화살과 편전, 조총의 사거리도 좁혀졌다. 이날 사도첨사 황세득이 적탄에 맞아 전사했다. 환갑을 넘긴 노장, 통제사와는 인척 관계로 맺어져 삼가고 조심하며 통제사를 지켜온 버팀목, 최전선의 장루에서 활을 쏘다 왜군의 집중사격에 속절없이 희생되었다. 시신을 수습한 통제사도 아무 말을 하지 않는다. 투구를 벗겨 활과 함께 가슴에 놓아주며 7년 전란의 무거운 짐을 비로소 내려준다. 이어 철환에 맞은 제포만호 주의수, 사량만호 김성옥, 해남현감 유형, 진도군수 선의경, 강진현감 송상보에게 속히 치료하라고 당부한다. 왜군의 조총은 조선 수군의 장루에 집중되고 있었다. 막바지 전투, 조선 수군은 결사적이었다. 퇴로가 막힌 왜병 또한 필사적이다.

3일에는 제독 유정의 비밀 서신에 따라 초저녁에 진군해서 자정까지 전투가 벌어졌다. 하지만 왜성 북쪽의 포성은 거의 들리지 않는다. 결국 수군만의 전투, 도독 진린의 수군이 선봉에 나선다. 명나라 중선과 소선, 각각 20여 척이 무모할 정도로 해안에 접근하고 있다. 초조해진 도독 진린의 채근이 심해졌기 때문일 것이다. 이들이 도리어 왜군의 총포망에 걸려 집중포화의 표적이 되고 있다. 함포가 빈약하고 선체가 약한 명나라 주력선이 육지의 포격에 쉽사리 깨져 나가고,

명나라 수군이 줄지어 바다로 뛰어든다. 어둠이 깔리자 일부 왜선이 빠른 속도로 따라붙어 근접전을 시도, 불을 지른다. 왜선보다 선체가 낮은 명나라 함대의 일부가 본진과 끊기면서 포위망에 갇히고, 도선에 성공한 왜군이 명나라 군사와 뒤섞여 선상에서 접전을 벌인다. 모두 40여 척의 명나라 함선이 곳곳에서 불타오르며 저녁 바다를 밝힌다. 안골포만호 우수가 함대를 거느리고 적진의 외곽을 깨뜨리며 진화를 시도한다. 판옥선에 부딪힌 왜선들이 깨지면서 전투는 백중세, 철환에 맞은 만호 우수가 어둠이 깔린 장루에서 그림자 같은 음영의 윤곽을 그리며 쓰러진다. 통제사가 지휘하는 조선 본진의 함대가 잇따라 왜선과 충돌, 거친 파괴음을 울린다. 포가 불을 뿜으며 왜선이 포위망을 풀고 도주하고, 포환이 짙은 어둠을 가르며 번쩍번쩍 포물선을 그린다. 왜군의 조총도 붉은 직선을 그리며 대장선을 매섭게 파고든다. 통제사는 물에 빠진 명군을 차분히 수습하면서 이날의 전투를 매듭지었다.

4일, 이번에는 조선 수군이 선봉을 맡는다. 역시 왜선은 출항하지 못하고 육지의 포격과 조총 사격으로만 응수할 뿐이다. 사거리가 점점 좁혀지자 왜군이 토굴을 버리고 능선으로 오르기 시작한다. 천자총통은 순천 왜성으로 포문을 돌려 성벽과 왜성으로 철환을 날렸고, 왜성 안으로 철환이 연이어 날아간다. 하지만 이날도 조명연합 육군의 호응은 없었다. 5일부터 불어온 하늬바람은 다음날 거세지면서 함선은 한 시각도 제자리에 머물지 못한다. 이날 도원수 권율이 편지를 보냈다.

제독 유정이 철군한다는 것이다. 조선의 힘만으로 왜군에 맞서지 못하는 통한, 전란의 마지막 순간까지도 왜성 앞 바다의 판옥선을 도로 끌어내린다.

"나랏일이 어찌 될 것인가, 나랏일을 어찌 할 것인가."

통제사는 왜군이 고스란히 빠져나간다면 전쟁은 종결된 것이 아니라고 확신한다.

고니시의 전진기지는 순천왜성과 지척 간에 있는 사라진 섬, 장도이다. 일본이 선물한 코끼리가 전직 관리를 밟아 죽이고 유배된 뒤 굶어 죽었다고 실록은 기록한다. 그래서 조선조 최초 '동물 재판' 유배지라는 별명도 얻고 있다. 고니시는 이 섬과 순천 왜성 사이에 포진하고 숨죽인 채 일본으로의 귀향만을 꿈꾸었다. 아마 전란 가운데 평양성과 더불어 고니시의 좌절과 고통이 가장 많이 묻어 있는 조선 땅일 것이다. 이순신은 고니시를 끌어내기 위해 육군과의 합동 작전을 부단히 수립했지만, 명군의 소극적인 태도로 번번이 무산된다.

우리말로 노루섬이라 불리는 장도는 율촌산업단지 조성 당시 토석채취장이 되면서 절반 이상 파헤쳐져 이제 조그만 동산의 형상이다. 현재의 율촌장도공원으로 여수시 율촌면 여동리 390 일대이다. 섬 모양이 본래 노루를 닮았다지만 이를 확인할 방법은 없다. 공원 입구에 칼이 아니라 활시위를 당기는 이순신 장군의 모습이 이색적이다. 신궁 통제사를 재현, 어쩌면 '현실의 이순신'을 반영하고 있다는 인상을 준다. 몇몇 조형물을 스치듯 보고 나서 정갈하게 자리 잡은 데크를 따라 장도 공원 정상으로 가는 길을 잡는다. 야생초 군락이 무리지어 있어 황폐한 느낌 속에서도 군데군데 자연스러운 생명력을 전한다. 구절초 쑥부쟁이가 한데 엉켜 있다. 전란 이후 장도 일대에서는 울부짖는 귀신 소리로 일대 주민이 잠을 잘 수 없었다는 이야기가 전해온다. 이곳에서 수장된 왜군의 원혼 소리가 파도에 뒤섞여 밀려왔을 것이다. 하지만 조선 백성들의 고통과 아픔이 사무쳐 잠을 이룰 수 없었기에 이 소리가 들렸는지 모른다.

장도의 정상은 왜군 시야에서 조선군을 볼 수 있는 장소다. 지금의 이순신대교와 연결된 섬이 묘도이다. 율촌장도공원 파크골프장에서 해안가 제방으로 나오면 손에 잡힐 듯이 보인다. 무술년 당시에는 팽팽한 긴장감과 살기가 묘도와 장도 일대를 뒤덮었다. 고니시는 바다를 가득 메우고 항해하는 조선 수군을 보면서 살아

이순신의 바다, 조선 수군의 탄생

나갈 수 없다는 통제사의 결기를 느꼈을 것이다.
하지만 고니시는 결국 탈출에 성공한다. 무술년
11월 초 상황을 난중일기는 이렇게 전한다.

통제사는 8일 진린 도독을 찾아 잔치를 연다.
마지막 결전에 대한 배려, 이제 임박했음을 서로
예감하고 있다. 진린의 태도도 단호해졌다. 생사
를 나눈 전우라는 의식이 마음속에 자리 잡았을
것이다. 통제사에게 우호적이며 극진했다. 이날
저녁 도독부에서 전갈이 왔다.
　"순천 왜성의 고니시 왜병이 10일을 전후해서
모두 퇴각한다."는 첩보가 당도했다는 것.
　9일 새벽 함대는 출항한다. 이날은 백서량에
진을 친다. 겨울 추위가 매섭다. 수군들은 두터
운 솜옷 대신 타오르는 적개심에 의지해 추위를
잊는다. 10일 좌수영 앞바다, 왜군은 왜성에 그
대로 주둔해 있다. 11일 유도, 다시 순천 왜성의
숨통, 이번에는 조선 수군이 협수로를 파고들지
않는다. 둥지를 버리고 나오는 왜선과의 전면전
이 목표였다.

왜수군이 진을 쳤던 율촌산업단지 내 율촌장도공원에는 활 시위
를 당긴 이순신 장군 동상이 세워졌다.

장도에서 본 묘도의 모습, 이순신대교 끝자락의 섬이다. 고니시의 입장에서 조선 수군 진영을 바라볼 수 있다.

13일 왜성 동쪽의 노루섬 장도에 왜선 10여 척이 출현한다. 노량을 빠져나가 사천, 남해, 고성 왜성에 주둔한 왜군과 연락하기 위해 고니시는 혈안이 되었다. 이중 사천에 주둔한 시마즈 요시히로의 살마군은 남원성에서 일만여 백성을 아무렇지도 않게 도륙한 살인광들, 통제사는 함대를 아예 장도로 전진시켜 순천 왜성의 숨통을 바짝 틀어막는다. 14일 백기를 단 왜선 2척이 순천 왜성에서 나온다. 도독과 강화 협상을 한다는 명분이었다. 통제사는 관여하지 않는다. 어차피 협상의 대상이 될 수 없었다. 이날 오후 8시쯤 왜군 장수가 소선을 타고 명나라 대장선에 올라 돼지 2마리와 술 2통을 도독에게 바쳤다는 말을 전해 들었을 뿐이다.

15일 통제사는 도독을 찾았다. 무언의 압력, 도독도 통제사의 눈빛을 통해 이미 협상은 불가능하다는 사실을 충분히 알고 있을 것이다. 왜선 두 척이 교대로 서너 번 도독의 진중을 오갔다.

왜선 세 척이 16일 도독의 함대에 다시 도착한다. 선상을 가득 채운 말과 칼, 장검을 도독에게 바친다. 그중 두 척이 왜성으로 돌아갔지만, 나머지 한 척은 명나라 수군진을 빠져나와 빠르게 노량을 통과했다. 고니시와 시마즈 부대가 퇴각 날짜를 동시에 짜 맞추면서 노량해전의 서막을 알린다.

통제사의 마지막 선택이 남았다.

남해(南海)

큰 별이 바다에 떨어져,
조선 바다를 영원히 지키다.

17. 남해(南海)
- 큰 별이 바다에 떨어져, 조선 바다를 영원히 지키다.

　다랭이마을과 독일마을은 남해를 대표하는 관광 명소다. 두 마을은 모두 아름답지만, 전혀 다른 풍광으로 자신을 드러낸다. 먹거리도 천양지차이다. 소시지, 학센(슈바인스학세), 피자, 슈니첼, 맥주 등이 독일마을에서는 흔한 음식이다. 해물 파전, 김밥, 전복 솥밥, 잔치국수, 물회, 떡볶이, 막걸리 등은 다랭이마을의 메뉴판이다. 서로 다른 맛, 서로 다른 방식으로 관광객의 입맛을 똑같이 사로잡는다.

　남해에 공존하는 이질적인 두 마을의 바닷가에는 고통을 계기로 오히려 결실하는, 모진 환경을 견디는 억척스러움이 동시에 출렁이고 있다. 다랭이마을은 가파른 절벽에 척박한 땅을 일군 선조들의 오랜 노동이 시간의 힘을 빌려 한 뼘, 한 뼘 맞추어져 지금에 이르렀다. 45도에 이르는 경사지 비탈에 100여 개의 석축 계단을 쌓고 사이사이 700여 개 논이 생겨났다. '다랑이'는 산골짜기 비탈에 생긴 계단식의 좁고 긴 논배미란 의미로, '다랭이'는 남해 사투리다. 독일마을은 1960년대 독일로 파견된 광부와 간호사들이 독일에서 은퇴한 이후 남해에 집단으로 자리 잡으면서 생겨났다. 마을의 역사는 2005년으로 거슬러 올라가며 현재는 광부와 간호사의 가족이 적지 않게 거주, 민박을 운영하면서 생활한다. 전란 후 피폐해진 땅에서 생존을 위해 독일로 간 광부와 간호사의 이야기는 영화 '국제시장'

남해 다랭이마을과 독일마을(위·아래), 전혀 다른 마을처럼 보이지만, 그 근저에는 '악착스러움'이라는 한국인의 정신이 흐른다.

남해각에는 남해와 남해 사람의 역사가 압축되어 있다.

이 잘 형상화한다. 주인공 남녀의 억척스러움은 다랑논을 일군 선조들 못지않다.

　남해의 관문 남해각은 섬을 오가는 사람을 위해 여관, 찻집, 식당 등을 운영했던 휴게소였다. 이후 노량대교가 생기면서 수요가 줄어 영업을 종료, 2021년 과거의 흔적과 간판을 그대로 두면서 현재의 쓰임새로 새롭게 생명을 부여해 과거와 현재가 공존한다. 동시대를 살아간 사람들의 과거를, 현재를 살아가는 사람들에게 제공하면서 시간 속에 흘러간 남해 이야기를 가두어둔 공간이다. 흑백과 컬러, 그러나 모두 디지털이 아닌 빛바랜 필름 사진에서 느껴지는 과거 색감을 볼 수 있다. 남해대교의 붉은 주탑 앞에서 다소 굳은 표정으로 기념 촬영을 하는 부부, 남해 사람들의 이야기이다. 이들 사진에는 한결같이 붉은 주탑이 등장한다. 마치 고향의 영역을 표시하는 '홍살문'과도 같다.

남해각 전시실에는 남해와 사람, 그리고 남해각의 역사가 압축되어 있다. 남해각 개관을 알리는 당시 신문광고를 비롯, 무료한 밤을 달래던 화투 등 남해각의 소소한 소품이 흘러간 세월을 향해 '응답해 달라'고 감성의 문을 두드린다.

'여관방 없음'

'환전소'

이 모든 것은 동시대인의 삶의 기록과 자취들이다. 그리고 루프탑에 오르면 동시대를 초월한 광활한 역사 스크린이 펼쳐진다. 남해 푸른 바다와 섬들은 파도 물결과 더불어 신기루처럼 흩어진 까마득한 과거를 자신들이 모두 지켜보았다고 속삭인다. 바닷물에 찍힌 필름을 끄집어내 솔바람 사이에 걸어두고 천천히 인화하면, 언제든 그때를 되돌릴 수 있다고 유혹한다.

경남 남해군 고현면 '이순신 순국공원'은 해안을 따라 관음포 일대 9만㎡가량의 부지에 조성되었다. 공원 중앙에는 이순신영상관이 자리하고 있으며 호국 및 관음포 광장 두 가지 테마로 나뉘어져 다양한 볼거리와 체험 공간을 제공한다. 거북선 모양의 영상관 위에는 역시 거북선 모양의 가로등이 설치되어 있고, 영상관을 지나 호국, 바다 광장에 이르면 3,800여 장의 도자기 타일을 일일이 구워 노량해전의 모습을 재현한 대형 벽화가 웅장한 비장미를 자아낸다. 이곳에는 전란 중 목숨 바친 수군을 기리는 위령탑이 있다. 호국 광장 뒤편 작은 산은 '이락산(李落山)'으로 불려, 이 공원의 성격을 단적으로 보여준다. '이락', 바로 충무공 이순신의 전사를 기리는 장소다.

영상관에서 바로 왼편 언덕으로 계단을 오르면 관음포 이충무공 전몰유허지로 향하게 된다. 사적 232호 '남해 관음포 이충무공 유적'은 장군이 전사한 지 234년이 지난 순조 32년(1832) 이순신 장군의 8대손 이항권이 통제사로 부임, 왕명으로 제사를 지내는 단과 유허비, 비각을 세우면서 조성되었다. 이른바 '이락사(李落

이락사 입구 자연석 돌비석에는 이 충무공의 마지막 유언이 새겨져 있다.

祠)'로 통제사 이순신이 전사한 장소에서 국가 차원의 제를 올리는 곳이다.

이락사로 가는 길 입구 8m 높이의 자연석에는 '전방급 신물언아사(戰方急 愼勿
言我死)'라는 통제사의 마지막 유언이 새겨져 있다.

"전쟁이 급하니 나의 죽음을 알리지 말라."는 것.

소나무 사이 박석이 깔린 참배로를 지나 이락사 경내로 들어서면 현판 대성운
해(大星隕海)가 걸린 비각을 볼 수 있다. 큰 별이 바다에 떨어졌다는 의미다. 2m가
량 높이의 비석은 형조판서 겸 예문관 제학 이익회, 현판은 박정희 대통령의 글씨
다. '이락사'에 걸맞은 현판이지만 바다에 떨어진 큰 별이 조선인의 혼이 되어 조
선 바다를 지키는 불사신이 되었다는 여운을 담아 본다. 후손들은 '이순신'이라는
이름에서 잊을 수 없는 통증을 대대로 유전하며, 아픔을 통한 각성과 억척스러운

이락사 안의 묘비각, '대성운해'는 박정희 대통령 글씨다.

극복을 한국인의 형질로 내면화하는 것이다. 남해에도 이를 상징적으로 보여주는 두 개 마을이 있다. 관음포는 일몰이 아름답기로 유명하다. 한낮을 뜨겁게 달군 태양은 사라지면서도 세상을 아름답게 물들인다.

　유허 비각이 있는 곳에서 능선을 따라 500m 정도 오르는 길에는 동백 군락지가 조성되어 좀처럼 시야가 트이지 않는다. 소나무 사이를 동백이 감싸며, "그 누구보다 당신을 사랑한다."는 꽃말에 잠시 현혹되면 언덕 위에 2층으로 세운 누각 첨망대에 이른다. 관음포 앞바다, 통제사가 순국한 바다라는 의미에서 '이락파(李落波)로 불리며, 광양만, 광양제철소, 노량해협 등이 자리 잡은 노량해전 전적지이다. '큰 별'이 조선 바다에 지던 무술년(1598) 11월 19일 새벽, 한겨울의 임진란 마지막 전투를 징비록 등은 이렇게 전한다.

첨망대에 서면 큰 별이 떨어진 노량해전 격전지가 펼쳐진다.

18일 사천의 시마즈 함선 500여 척이 서쪽 수로를 택해 항진한다는 첩보가 최종 확인된다. 통제사는 고니시를 버리고 시마즈를 지목한다. 자정 무렵 칠흑 같은 겨울 바다, 노량에 도착한 함대는 남북으로 산개한다. 일본으로 향하는 왜선과 정면으로 충돌하는 관음포 바닷길에 조선 수군이 집중적으로 매복한다. 새벽 2시, 어둠의 장막이 출렁인다. 시마즈 왜선이 절반쯤 해협을 통과하면서 대장선에서 총통이 발사되고 개전을 알리는 북소리가 울린다.

'둥, 둥, 둥, 둥'

거칠고 규칙적인 7년 전란의 버팀목, 수군이 일제히 입에 물었던 하무를 뱉어 던지고 함성을 노량 바다에 토한다. 이어 신기전, 함포 소리가 그칠 줄을 모른다. 고니시가 탈출하는 길목의 방패막이, 시마즈군은 순식간에 수십 척이 깨져 나가

이락산에서 뻗어 나온 곶(串)으로 바닷가 마지막 지점인 첨망대 현판

면서도 항진을 멈추지 않는다. 이 길을 뚫지 않으면, 조선 바다에 수장된다. 엄청난 포격을 대규모 선단이 고스란히 나누어 맞으며 오직 남으로 항로를 잡는다. 1백여 척 이상의 왜선이 가라앉으며 시커먼 노량 바다가 붉은 화염을 끊임없이 삼킨다. 죽음이 예견된 막다른 길목, 왜군의 저항은 처절했다. 대장선을 호위하는 중군장 가리포첨사 이영남이 전사한다. 새벽 6시가 넘으면서 바다 동쪽이 뿌옇게 밝아온다. 왜군과 조선군에게 대장선이 뚜렷해진다. 독전기가 나부끼고,

대장선의 북소리는 '전투가 아직 끝나지 않았다.'고 군령을 내린다. 분명, 통제사가 북채를 잡고 있다. 붉은 철릭이 새벽 여명을 받아 물결친다. 7년 전란의 조선 군신(軍神)을, 왜 수군이 마지막 순간까지 진저리를 치면서 목격한다. 환호하던 녹도 함선이 필사적으로 대장선에 따라붙는다. 대장선을 호위하는 중군장 이영남의 함선이 없다. 관음포 바다에 우뚝 솟은 대장선 중앙에 북채를 쥔 통제사의 모습이 너무나 선명하다. 반파된 왜선에 갇힌 왜병들은 귀향의 꿈을 포기한다. 쏟아지는 편전과 화살, 날아드는 철환과 불덩이 속에서 극한의 공포와 절망에 빠져 마지막 순간까지 조총을 거머쥐는 허망한 몸부림으로 이어진다. 녹도 함선이 대장선의 측면에 따라붙기 전, 대장선의 장루 앞 전고(戰鼓) 주변의 방패를 조총 연기가 뒤덮었다. 북소리가 멈춘다. 조선 수군이 일순간에 전율하며 시간이 멈춘다.

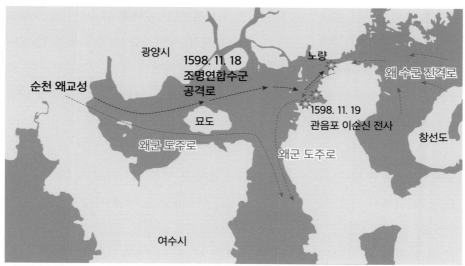

광양시
1598. 11. 18
조명연합수군
공격로
노량
왜 수군 진격로
순천 왜교성
묘도
1598. 11. 19
관음포 이순신 전사
창선도
왜군 도주로
왜군 도주로
여수시

노량해전 상황도

    조총의 철환 한 발이 이순신의 가슴을 관통했다. 군관들이 이순신을 장루의 장막 안으로 옮겼을 때는 이미 철릭이 피로 흥건했다. 조카 이완이 상처를 부여잡고 어떻게든 출혈을 막아보려 했지만 쏟아지는 피를 주체할 수 없다. 군관과 이완이 도저히 믿기지 않는 장면에 넋을 놓고 있자, 이순신이 손짓으로 이완을 부른다. 어머니와 셋째 아들 면, 그리고 전장에서 사라진 숱한 장수와 병사들이 죽음의 문턱에서 주마등처럼 스쳐 갔을 것이다. 그리고 7년 전란을 치르고 살아남은 병사들, 통제사가 마지막 유언을 남긴다. 그것은 지엄한 군령이었다.

    눈물을 흘리던 이완이 군령을 듣고 미친 듯이 전고로 나가 다시 북채를 거머쥔다.

'둥, 둥, 둥, 둥'

붉은 통곡이 "전투를 이어가라."고 노량 바다 곳곳을 물들인다.

불사신, 통제사. 시간이 이어진다. 전투가 격렬하게 재개된다. 왜선은 1백 50여 척이 노량 바다에서 침몰하고, 1백 50여 척은 반파된 상태로 절름거리는 항진을 이어갔다. 사령선인 왜대선은 개전 초기에 깨져, 시마즈는 소선에 옮겨 탄 상태였다. 기동이 빠른 2백여 척의 중소선만 온전히 살아남아 고향으로 항진한다. 조명연합 수군은 반파된 왜선을 추격, 50여 척을 마저 잡아낸다. 무술년 11월 19일 새벽 여명 무렵, 삼도 수군통제사 이순신이 전사했다. 향년 54세.

1973년 개통된 남해대교는 붉은 주탑과 주탑을 강철 케이블로 연결해 다리의 하중을 하늘에서 떠받치는 우리나라 최초의 현수교이다. 남해 사람들은 이 '붉은 대문'을 지날 때 비로소 집에 돌아왔다는 안도감을 가진다. 이 문을 통과해 남해각과 노량공원을 지나치면 승용차로 10여 분 안에 남해 충렬사에 도착한다. 관음포에서 전사한 통제사의 시신이 삼도수군통제영인 고금도로 운구되기 이전에 일시적으로 모셔진 곳, 즉 초빈(草殯)된 장소다. 통제사의 관을 임시로 노지에 모신 채, 이엉 등으로 덮어 눈과 바람을 막고 곡을 하며 조문객을 맞은 곳이다.

통제사의 마지막 길은 이렇게 추정할 수 있다. 시신은 칠성판에 모셔 흰 천으로 두르고 대장선에서 관음포구에 내려 입관한 뒤 7km 남짓 떨어진 남해 충렬사로 옮겨갔을 것이다. 물론 처음부터 충렬사 부지로 향할 수도 있지만 급박하게 돌아가는 전황, 더구나 최고 사령관이 전사하는 황망함 속에서 초빈 장소를 미리 정하기는 무리였을 것이다. 이 길은 현재 '남해바래길' 중에서 '이순신 호국길'로 명명되어 있다. 생계를 위해 파래, 미역, 고등 등 해산물을 채취하는 어머니의 바닷길이 '남해바래길'이라면, '이순신의 호국길'은 이 땅을 지켜내기 위해 몸부림친 통제사의 마지막 이승 길인 셈이다.

충렬사 입구에서 외삼문과 내삼문을 지나 만난 비각에는 현판 '보천욕일(補天浴日)'이 걸려있다. 일그러진 하늘을 기우고 혼탁해진 해를 목욕시킨다는 것. 이 구

충렬사 내 가묘, 통제사가 초빈된 장소다.

절은 명나라 수군 도독 진린이 이순신과 조명연합수군 사령부를 꾸린 뒤 거듭된 전투에서 조선 수군에 감복한 나머지 통제사를 찬양하며 선조에게 올린 구절이다. 묘비에는 충무공의 임진란 전공이 세세히 기록되어 있다. 비석 뒤편에는 사당이, 다시 사당 뒤편에는 통제사의 가묘가 있다. 초빈 장소를 기리기 위한 것이다. 내삼문에서 보는 남해대교와, 외삼문 오른쪽의 청해루 등은 현재와 과거를 동시에 느낄 수 있는 충렬사의 묘미이다. 통제사의 가묘 터에 서면 통제사의 오랜 친구이자 전란의 버팀목이었던 유성룡이 전사 소식을 듣고 느꼈을 아픔이 전해 온다. 유성룡은 전란 이후 관직을 버리고 낙향해서 징비록을 집필하는 과정에서 통제사 이순신에 대한 절절한 그리움을 드러냈다. 그는 이순신의 삶을 압축하며 징비록을 매듭짓고, 군신(軍神)이라고 묘사한다.

남해 충렬사, 통제사가 초빈되었던 장소에 세워졌다.

명나라 수군 도독 진린이 조선의 대장선에 옮겨 탄다. 포위망을 뚫어준 조선 수군에 대한 답례 인사였다. 이순신의 전사 소식을 듣자 털썩 자리에 주저앉는다.

"장군께서 살아 나를 도우신 줄 알았는데, 어찌 이리 허망하게 먼저 가셨습니까."

칠성판에 놓여, 흰 천으로 둘러싸인 시신 앞에서 가슴을 치며 통곡했다. 진린에게 이순신은 주장을 다투는 경쟁자가 아니라, 가슴으로 공감하는 전선의 동료였다. 칠성판에 굵은 눈물이 뚝뚝 떨어진다. 대장선을 시작으로 통곡 소리가 서서히 관음포구 일대로 번진다. 인근 노량포구 산기슭으로 영구가 옮겨가자 뒤따르는 행렬이 끝이 없고 수십 수백 km 밖 둔전 백성들이 하던 일을 팽개치고 임시로 마련된 노량포구의 빈소를 향한다. 이순신의 신위가 놓여 그가 더 이상 이 세상 사람이 아님을 알렸다. 도무지 그칠 줄 모르는 조문 행렬이 밤낮으로 이어진다. 상여가 인근 산기슭의 초빈 터로 향하던 날, 영구는 인파에 가로막혀 한 걸음도 나아가지 못한다. 7년 전란의 고통에 시달린 백성들이 이순신의 상여 앞에서 목메어 통곡한다. 통제사의 죽음이, 전란의 상처가 동시에 빚어내는 서러움이었다. 포구 일대에는 백성들이 서둘러 차린 제전(祭奠)이 줄지어 놓여 있다. 상여를 따르는 한 만장에는 '공이 우리를 살렸는데, 지금 우리를 버리고 어디로 가십니까.'라는 문구가 뚜렷했다.

조정에서는 전사한 이순신을 의정부 우의정에 증직했다. 군문 형개가 바닷가에 사당을 세워 그의 충혼을 기리자고 제안한다. 하지만 조정의 명이 닿기도 전에 백성들이 자발적으로 사당을 짓고 신위를 모신 민충사에 초혼(招魂)토록 한 뒤, 제사는 사계절 내내 지내기로 한다. 둔전의 농민과 해로 통행첩으로 생계를 보장받은 어부들이 앞다투어 재물을 보냈다. 이들에게 이순신은 어버이 같은 의미를 지녔다. 포구에 정박한 어선은 흰 조기(弔旗)를 달았고 민충사에 참배하지 않는 어민이 없었다. 초빈 터에서 사흘 동안 안치된 통제사 시신은 고금도 삼도

이순신 순국공원의 파노라마 대형 벽화는 도자기 타일을 일일이 구워 만들었다.

수군통제영으로 향한다. 그가 정한 최후의 조선 수군, 그리고 조명연합사령부가 안식처로 정해진 것이다.

임진년 5월 옥포해전을 시작으로 10여 차례의 대규모 출전과 20번이 넘는 크고 작은 전투에서 목격한 통제사의 눈부신 전공, 하지만 5년 동안 한산도를 지키며 인고(忍苦)를 감내하고 묵묵히 직분을 다하는 모습이 더욱 눈부셨다. 다스리지 않고 공존하는 통치 원리, 허망한 말로 미래를 현혹하지 않고 하루하루를 바로잡는 부단한 근면함, 그리고 투옥과 형문. 자신이 쌓아온 모든 노력이 하루아침에 잿더미가 되었지만, 한순간의 눈물로 씻어낸 채 과거에 갇히지 않고 곧바로 대안을 찾아 다시 하루하루에 충실했다.

죽음을 목전에 둔 벽파진에서 병사들과 고깃국을 나누는 의연함은 공포에 질린 2,000여 명의 수군을 이끌고 명량을 지켜 조선을 구하는 밑거름이 되었다. 정유년의 눈물은 자신의 역할에 전념할 때 인간은 초연해질 수 있을 뿐 애초부터 초월적인 인간이 없음을 여실히 보여준다. 무엇으로도 누를 수 없는 어머니와 아들의 죽음, 깊은 상처를 품고 염한의 초가에 자신을 숨기고 하루 종일 말발굽의 편자를 갈고 결국 식은땀에 젖어 꿈속에서 아들을 찾았던 인간 통제사, 하지만 자신을 추스르고 폐허가 된 조선 수군을 재건하는 원리를 백성에게서 찾아낸 혜안(慧眼). 전투는 전쟁의 승리를 위한 이 모든 노력의 부산물에 불과했다.

노량 해역 관음포에서 통제사는 조선 바다의 수호신이 되었다. 통제사는 전란 이후에 무엇을 하고 싶었을까. 무거운 중책도 마다하지 않았을 것이다. 하지만 그보다는 군관 이영남과 더불어 한 잔 술과 한 조각 떡을 나누며, 한가로이 무씨를 물에 불리면서 농사일을 걱정하고 싶었을 것이다. 농부의 꿈, 어부의 꿈, 나아가 염한의 일에도 정성을 쏟던 한산도 시절의 수군통제사, 전란 이후에 하고 싶던 소박한 소망이 무엇인지 밝히지 못한 채 노량의 일출 속에서 마지막으로 간결하고 분명한 명령을 내렸다. 그리고 이 명령 때문에 통제사는 영원히 죽지 않고 관음포에 우뚝 서서 조선 바다를 지키는 수호신을 맡을 수밖에 없을 것이다.

"싸움이 급하다. 내 죽음을 알리지 마라."

지은이 | 조진태

펴낸이 | 최병식

펴낸날 | 2024년 1월 15일

펴낸곳 | 주류성출판사

주소 | 서울특별시 서초구 강남대로 435 주류성문화재단

전화 | 02-3481-1024(대표전화) 팩스 | 02-3482-0656

홈페이지 | www.juluesung.co.kr

값 24,000원

ISBN 978-89-6246-519-8 03980